不敗的智慧

仕事で大切なことは**孫子の兵法**がぜんぶ教えてくれる

Kazuhiro Nagao
長尾一洋
黃瑋瑋——譯

孫子兵法讓你當個好人也不會輸！

前言

《孫子兵法》是由至今約兩千五百年前，出生在中國春秋時代的齊國、輔佐吳王的兵法家孫武所著，是最古老且最傑出的兵法書。

本書是將《孫子兵法》應用在現代的工作及事業上，對我們有所幫助的入門書。

請不要認為這些寫於兩千五百年前的、中國的、關於戰爭的內容，太過陳腐，即使看了也無法應用於現代生活。其實，這本經典古籍超越了時代的變化，經過長年累月下來，不論東方或西方都給予高度評價，其中有許多實質內容，匯聚了能夠應用在不同時代的智慧。

《孫子兵法》是一本只有六千字左右的簡短文獻。本書從中選取對現代人的工作或事業有助益的部分，加以簡單明瞭地解說，因此，若你在讀了本書後，對《孫子兵法》感興趣，再去對照原著，也是不錯的作法。但是，對於「閱讀古書不太擅長」的人也很多吧！其實我也是。不對，應該說我曾經也是（沒有用過去式表示的話，似乎會喪失信用），本書正是為了讓這樣的人也容易閱讀而寫成的。

但是，我避免「超譯」，以免變得不知道原本的《孫子兵法》在說什麼。因為我本身對於古書被「超譯」後，「到底真正在說什麼」這件事很在意。我會懷疑作者的翻譯是不是只為了便宜行事而扭曲了原文的意思？

因此，我先介紹《孫子兵法》原本的內容，並附上白話文翻譯，再用解說的方式說明如何將其應用在工作及事業上。在解說的部分，加入了我擔任經營顧問三十年左右的經驗中，所看到、聽到、接觸到的商場實例，讓各位可以很容易地將《孫子兵法》應用在二十一世紀的工作上。

雖然《孫子兵法》包含著珍貴的智慧，但因為所寫的是兩千五百年前的戰爭方法，因此若只是將其直接翻譯閱讀的話，就變成是古籍的研究與學習，無法對現代的工作有所助益。在精讀孫子話語的同時，我們要變成其心、其腦，試著去想想看，如果現在孫武就在眼前，會對自己的工作提出什麼樣的建議呢？而我正是擅長將這本《孫子兵法》應用在現代的「孫子兵法家」。

不是「軍事家」而是「兵法家」這件事，是很重要的。有關其間的差異，我引用海音寺潮五郎的小說《孫子》中的章節來說明。

「所謂的軍事家，是研讀自古以來的兵法，熟知古今的戰史，研究兵制變遷者。但也只是這樣的人。而兵法家，會臨機應變，若能想出最適當的戰術，即使不知道古人的兵法，也沒關係。當然，知悉古人的兵法也可，精通古今的戰史也無妨。只是，在將其實際應用的當下，必須要靠個人的機智自在地運用。這才是兵法家。」（《孫子》，每日新聞社刊）

我並不是中文學者，也不是兵法研究家，而是每天在商場上實戰的企業經營者，也是一名經營顧問，因此，在讀了這本小說《孫子》後，為了要讓自己與詳知中文或古代歷史的學者老師有所區別，因而自稱是「孫子兵法家」。

請試著在網路搜尋引擎上輸入「孫子兵法家」。在第一頁出現的都是我的名字。因為這是我自己獨特的領域，是尚未開拓的藍海市場。而這件事本身，就是《孫子兵法》的實踐應用——「不戰而勝」。在網路的世界裡，並沒有解說《孫子兵法》的「軍事家」老師。雖然有老師寫的「孫子兵法」相關書籍比我還多，但是在網路上，我是絕對領先的，而且「孫子兵法家」這個詞是我的原創。也許有人會說不要隨便這樣自稱，但是沒有任何人會為我擔保這個獨特的名稱和專業，我只是自己決定了自己獨特的東西而已。這是「致人而不致於人」。我運用兩千五百年前的《孫子兵法》在網路上作戰。這就是實戰技巧。很有意思吧？藉由應用《孫子兵法》，就能夠在網路這樣的最新戰場裡，創造出致勝的領域。

我想要讓二十歲、三十歲、四十歲的年輕人都來讀《孫子兵法》。

像《孫子兵法》這類的古書，很容易讓人以為是給有年紀的、人生經驗豐富的人閱讀的。的確，年長者中有很多古書迷，不過，我認為就是因為年紀輕，更應該從古籍和歷史中學習，來彌補自身經驗的缺乏和知識的不足。

我自己從二十多歲就開始從事經營顧問的工作，為了要給五十歲、六十歲、七十歲的經營者提供意見，而開始學習《孫子兵法》。因為一個年輕小伙子講一些好像很了不起的話，也沒有人會聽，我便以「這不是我說的，而是《孫子兵法》說的」，這種方法來提供意見。想不到真的效果立現！別人不願意聽我所說的話，但若是《孫子兵法》所說的話，就能夠接受。這本書就是匯集了這些將《孫子兵法》應用在事業上的智慧集大成之作。當然，我希望超過五十歲以上的人也來閱讀，也希望年輕人在閱讀之後，對《孫子兵法》能夠產生興趣。

《孫子兵法》是由始計篇、作戰篇、謀攻篇、軍形篇、兵勢篇、虛實篇、軍爭篇、九變篇、行軍篇、地形篇、九地篇、用間篇、火攻篇，這十三篇所構成。

在許多《孫子兵法》的解說書中，都將〈火攻篇〉置於第十二篇，而將〈用間篇〉置於最終的第十三篇，但是，在現今所發現的最古老殘存資料的竹簡本中，〈用間篇〉在第十二篇、〈火攻篇〉在第十三篇，依照淺野裕一的說法（《孫子》，講談社學術文庫），「因為〈火攻篇〉具有將《孫子兵法》整體作結的最適當內容，因此被認為這才是原本的篇序」，我對此深有同感，因此將〈用間篇〉排在第十二篇、〈火攻篇〉排在第十三篇。

本書依照這十三篇而寫成十三章。本來的原文，雖然各篇是以不同的主題來區分，不過內容有些重複，也有一部分讓人覺得好像適合放在其他篇章。但這也是古書特有之處。因此，本書在各主題上不做順序的變更，依照原本出現在這十三篇中的順序整理出論題。

被認為是在西元前五百年左右時所寫成的《孫子兵法》，在司馬遷（西元前一四五至前八六）所寫的《史記》中，曾提到它是一本被廣泛閱讀的兵法書，在《三國志》中知名的魏國曹操也對《孫子兵法》做注解，因此可以證明這是一本持續兩千年以上都一直獲得高度評價的書。

在日本，一般認為《孫子兵法》是在八世紀時由吉備真備自唐朝帶回國，最知名的是在日本戰國時代，甲斐的武田信玄使用了引自《孫子兵法》的「風林火山」旗幟。在幕府末期，山鹿流派兵學的教師，也就是長州的吉田松陰著有《孫子評註》來解說《孫子兵法》。在現代，大家熟知的是軟銀（SoftBank）的孫社長應用《孫子兵法》創造出經營法則，另外還有許多的企業經營者都將《孫子兵法》應用在經營上。

將目光轉到西方，據說拿破崙很愛閱讀《孫子兵法》，傳聞美國五角大廈也在進行《孫子兵法》的研究。聽說微軟公司的創辦人比爾．蓋茲也喜歡讀《孫子兵法》，與軍事相關的人就更不用說了，企業經營者將其應用在事業上的例子也不少。

即使是不同的國家及時代，在戰爭這種要爭你死我活的終極場合裡，《孫子兵法》對於徹底看穿人員要如何行動、應該要有何種組織、要如何才能存活下來等，這些人類本質及本性的強大洞察力，有非常多值得參考之處。

我自己身為一個企業經營者，這四分之一個世紀以來，在人事及組織的問題上，以及經營戰略和管理等方面，曾碰到許多障礙和難題，其中有很多次都是靠著《孫子兵法》來克服，而達到逆轉勝。

就算說：「工作上重要的事，《孫子兵法》全部都教給我們了。」也不為過。

現代的社會，與《孫子兵法》寫作當時的春秋時代一樣，都正邁入激烈動盪的亂世中。因為人口減少及其所伴隨的高齡化而被迫產生龐大負債的日本自不必說，全世界也是陷入停滯不前的混沌狀態。因此，我想加以活用跨越時代的《孫子兵法》的智慧，不過，這並非「種瓜得瓜，種豆得豆」這麼簡單的勝利方程式。

因此，本書嘗試將「不要輸」當作關鍵字。即使無法戰勝，只要不要輸的話，仍然可以報仇雪恥。這不只是平常每日的勝負而已，以人的一生來看，是一場八、九十年的長期戰。即使只以身為社會人士的職涯來思考，也有五十年。

如果說最後能夠笑著存活下來的人是勝者的話，那麼沒有輸的人就獲勝了。而關鍵就要看你是否能熬過五十年的商場世界，即使到了七十歲時還能精神奕奕地積極向前看。雖然七十歲之後不知道還會有十年或二十年，但也仍舊希望在退休後不給家人及社會造成困擾，能夠從容地愉快生活。

要是這麼思考的話，就不會只想著要擊敗眼前的敵人獲得勝利。不要輸，讓自己在最後的最後，都持續保持以勝利為目標的狀態，才是最重要的吧？

事實上，《孫子兵法》本身是重視「不要輸」更甚於「獲勝」的兵法。因為書中面對的是真正的戰爭，若是拙劣作戰，打了敗仗的話，會造成國破家亡、人員死傷。若只一味地想著要打勝戰，人命再多也不夠用，因此，孫子教我們：首先是不要輸，應該做好不要輸的準備。

在看不見未來的動盪亂世中，並沒有「這樣做的話就能夠獲勝」如此簡單的成功法則。

讓我們穩健踏實地來實踐跨越了漫長的兩千五百年，一直被拿來學習、閱讀的《孫子兵法》，並且不要輸地堅決存活到最後吧！《孫子兵法》就是為此在教導我們重要的事。希望本書能夠成為各位實踐《孫子兵法》的開端和指標。

目次

第5章

意識到氣勢、速度和時機

——兵勢篇

第6章

不要東做西做，要集中在一處上　113

——虛實篇

第7章

臨機應變地行動，先下手為強　135

——軍爭篇

第⓫章

在絕境中磨練決心——九地篇 199

第⓬章

利用情報的力量，使人有所行動——用間篇 225

第1章

為了不要輸，就要做好萬全的準備

始計篇

01

事前再怎麼準備，都是不夠的

孫子曰：兵者，國之大事，死生之地，存亡之道，不可不察也。故經之以五事，校之以計，而索其情。

【譯文】

孫子說：戰爭是國家的重要大事，不可等閒視之。對人民而言是決定生死的地方，對國家而言是存續或滅亡的分岔路。應該要徹底地研究清楚，絕對不可以輕忽。因此，依循戰爭中的五個要素，對敵我雙方的比較項目加以研究，正確掌握戰況是必要的。

所謂的「兵」，就是指戰爭。兩千五百年前，孫子所生活的中國，正處於戰亂時代。

回過頭來思考我們的人生時，若是將每天的抉擇當作是戰爭，孫子的教導便是帶有意義的。

人生中有好幾條分岔路。若試著將就業、結婚、換工作、升職等，這些在分岔點上的許多抉擇置換成戰爭來看，的確每天都是戰爭。

另外，人生中也有競爭。雖然不至於會被奪取性命，但不論在工作、學校、就業各方面，為了擠進現實生活中所制定的框架內，就要去競爭，被排列名次。

在這樣的人生戰爭中，大部分的人都「想要獲勝」。

《孫子兵法》雖然也有闡述戰勝的方法，但並非單純地說：「要去獲勝！」並非強勢地往前衝，而是要「慎重地考慮後再去戰」。

若是在事前就慎重地思考的話，在開戰前就已經知道勝負了。這並不是隨波逐流、無意識地去選擇，而是必須要深思熟慮，反覆思量後再去行動。

02

用五個要素來探究戰法

一曰道，二曰天，三曰地，四曰將，五曰法。

【譯文】
所謂的五個要素就是：道（正確的本質）、天（大自然）、地（地形）、將（領導力）、法（軍法）。

那麼，為了不要輸而在事前先深思熟慮，做好萬全準備再戰的判斷基準，是什麼呢？《孫子兵法》列舉了「五事」（五個要素）。若這五件事明確的話，對於戰況的判斷就能更加正確。試著將它應用在自己的身上吧！

自己的價值觀，以及自己擅長與不擅長的事情，還有自己對什麼事情有共鳴？事前要思考這些事。也就是說要瞭解自己，才能**擁有具獨創性的判斷基準**。

一、道

若是以個人來思考的話，「道」也可以說是使命感吧！

請想想看自己是為了什麼而從事現在的工作。這是工作道。

例如，一位在糕點業工作的人，也許是希望客人可以來吃甜食，休息喘一口氣，或是希望客人能夠擁有小確幸的時光。

試著思考自己的工作對世間、對人類有什麼樣的價值，整體來看，自己究竟是為了什麼而工作呢？

二、天

這是指趨勢、潮流及環境。

不論從事何種工作，都必須要知道業界所處的環境。技術的革新、人口的減少、地球的暖化、世間的變遷，這些環境都無法以我們自己的雙手去改變。就像我們無法自在地操控大自然現象和天候一樣。

經常掌握潮流，是很重要的。

三、地

《孫子兵法》中所說的「地」，是指地形。有山、有谷、有川。有阻礙自己的地形，當然也有對作戰有利的地形。去考量要在何處開戰，是其原本的意思。

若將這點置換到工作上來看的話，是指競爭環境。可以想成是其他競爭公司等對手的動向。

試著思考自己與對手的關係。自己是跑在最前頭呢？還是第二名？第三名呢？那麼自己之所以處在這個位置上，是因為產品的特殊性，還是因為市場的地域性呢？

瞭解對手，也等於是瞭解自己。試著為自己及對手做定位。

四、將

這是領導力。當然這也可以指擁有部下的領導者，但在這裡則無關個人在公司的地位，我們試著去思考「自己就是自己的領導者」。

在作戰的人是你。你就是《孫子兵法》中所說的國家、將軍。

《孫子兵法》中說，領導者必須要具備：智、信、仁、勇、嚴。「智」是智慧。「信」是信義、信賴、信用。「仁」是關懷與仁慈。「勇」是貫徹信念。「嚴」是嚴以律己，也嚴以律人，決定要做的事就要徹底完成。

要意識到自己就是一國之主，並且學習讓自己具備這些條件。

五、法

軍隊裡的法令是固定的制度。早上幾點起床，幾點吃飯，幾點收拾，幾點出發。

若將這點置換成個人角度來看的話，就是自己每天的習慣，以及提升能力的努力。

每天早上去慢跑。每天必定花一個小時讀書，去制定像這類為了自己好的習慣及節奏。

決定之後就要徹底實行。這就是法。當不知道要做什麼才好的時候，就試著回頭去看看過去的自己也可以。

在「法」當中，原本就含有賞罰的意思在內。你曾經被誇獎過的事是什麼？擅長的事是什麼？試著去找尋自己的強項。將能夠發揮強項的事變成習慣後，你就會成長許多。

若是能夠留意這「五事」，並且付諸行動的話，就可以很明確地找到自己應該做的工作，以及在選擇上的判斷基準。

同時，思考這「五事」，也可以瞭解**自己是憑藉什麼在思考勝負**。

有人想成為有錢人，但也有人想要悠然自得地過日子，認為錢只要夠用就好。有人想要長命百歲，但也有人想要轟轟烈烈地活一生。所謂的勝負，有各式各樣，且因人而異。去思考對自己而言的「勝利」到底是什麼，是很重要的。

為了做不要輸的工作，去瞭解自己應該做的事（任務），並且付諸實行，然後知道對自己而言何為勝利，是有必要的。

在準備階段不迎合，要有自己的主張

03

將聽吾計，用之必勝，留之；將不聽吾計，用之必敗，去之。

【譯文】

若（吳王）聽從我的兵法並採用的話，我以將軍身分帶領軍隊，必能克敵致勝。那麼我將留在此地。若是無法認同我的兵法而不採納的話，即使任命我為將軍，也一定會敗戰。那麼我就只能求去。

這是孫子迫使身為國王的吳王要決定是否採用自己時的場面。

利用「五事」來探究自己在工作上的判斷基準之後，不要隨便屈服；面對不同的想法，要堅持自己的主張。

若是不被採納就辭職——能夠具有像孫子那樣的決心也很好。

公司或上司會有各種指示。這時，若判斷其與自己的想法不符，就要說出「我認為不是這樣」。

另外，有時候你也許不認同周圍同事的作法，就要提出：「這樣是不對的吧。」不可以迎合周圍的人。不要輕易地隨波逐流，要秉持自己的信念來工作。

特別是在事前準備階段，若是覺得「不對勁」的話，就要正大光明地對上司或同事表達這個感受，也就是貫徹自己的「五事」。

然後，如果發現是自己的錯誤，就要老老實實地反省，將應該要改正的地方改過來。去做修正就好了。

堅持主張本身並沒有錯。與什麼主張都沒有比起來，要好太多了。

我身為社長，想要的是會提出「我認為是這樣」、「我覺得這項指示有些問題」的員工。

這樣一來，我才會知道這位員工的想法。若是有誤會，也可以做一些說明，並建議他：

「若是這樣的話，不是也能夠這麼做嗎？」或者我也許會發現這位員工新的一面，讓他去做其他工作，便可以使他的能力發揮出來也說不定。

最令人苦惱的員工，是並非心甘情願卻又勉強去做被交代的事。這是最浪費時間的生活方式。

當然，絕對不可以自以為是。你的「五事」也許尚未完成，因此在當下會做出錯誤的判斷。

所以才要提出主張。試著表達出來，然後再修正。只做好被交代的工作就好的時代，已經結束了。今後，至少要有「我想要做這樣的工作」這類的主張，動腦筋去工作才行。

對自己的工作抱持著強烈執著的態度吧！在準備的階段不迎合，不斷地提出主張吧！

為了在工作上不要輸，像孫子那樣，即使面對國王也不違背自己的信念，以此決定去留的態度，是很必要的。當然，要注意說話的方式及態度。無意義和情緒化的應對，是無法傳遞你所要表達的事。

04

讓對方刮目相看，把功勞歸給上司

兵者，詭道也。故能而示之不能，用而示之不用。

【譯文】
戰爭，是一種欺敵的行為。
因此，即使有戰鬥能力，也要偽裝成沒有的樣子；想要使用某種作戰方式時，表面上也看似沒有要採取這種作戰方式。

所謂的「欺敵」，可以理解成兩種意思。
第一種是超乎對方的期待，是正面意義上的「背叛」對方，讓對方刮目相看，也就是製造驚喜。

這裡所說的對方，是指顧客及上司。但不只是單純回應對方的需求，而是提供對方連想都沒想過的需求以外的東西。

為了製造驚喜，就必須事先準備，深入考慮，搶先在對方前面不可。

為了超乎對方的期待，就必須知道對方所期望的程度，因此當然就要仔細調查對方。

然後在某些情況下，避免於準備階段露出玄機，也是必要的。這就是策略手腕。

透視對方在思考的事，然後搶先一步。或是從隻字片語中去掌握對方真正需要的本質，以不同於對方所要求的形式來滿足對方。這就是「背叛」對方。

第二種意思是「真人不露相」。

把自己的能力全都顯露出來的話，會讓人覺得你在炫耀，有可能會被同事及上司嫉妒。

此時所需要的是策略手腕。

把自己充分準備後而獲得成功的工作，歸功給上司吧！

「自己竟然做到了！」「這次企畫之所以成功，都是由於自己的交涉能力所達成的！」

這樣求表現，有什麼意思呢？

即使沉默不語，旁人也都看在眼底。與其拙劣地求表現，倒不如說：「真不愧是部長所下的決定，實在太棒了！」

然後將這種成功的體驗累積在自己身上，再精益求精。**在別人看不到的地方蓄勢待發**。正所謂「想要欺敵，先從自己人開始」，也許你在當下會覺得沒有獲勝，感覺是把勝利讓給別人，但是以長期來看，你是沒有輸的。

「兵者，詭道也。」對於所謂的戰爭是欺敵的這一章節，反感的人很多也是事實。他們認為：「堂堂正正地去戰，不是比較好嗎？」「《孫子兵法》真狡猾。」

我將「詭道」一詞，試著理解成前述的意思。若是堂堂正正地去戰卻輸了，就無可挽救了。為了不要輸，運用策略手腕是必要的；而正面意義上的背叛對方，也是必要的。

05

在有獲勝想像之前，要不斷準備、再準備

多算勝，少算不勝，而況無算乎！吾以此觀之，勝負見矣。

【譯文】

若是勝算比對手多，則實戰就會獲勝，若是勝算比對手少，則實戰就會敗北。更何況是完全沒有勝算的情勢下，就什麼都不必說了。因為我有做這樣的比較檢討及戰況判斷，在事前就已經預見勝負了。

這是孫子在闡述「有沒有勝算」的重要性。其實，勝負在開戰之前就已經決定了。也就是說，想像訓練是非常重要的。若自己具有獲勝的想像，就能夠發揮實力。認為自己能夠戰勝的話，就可以獲勝；認為自己可能會戰敗的話，就會失敗。這也是

很多運動選手在運用的方法。

此處要注意的是，在開戰前就要充分地做好想像訓練。**若是在戰爭開始之後再做，就太遲了**。這是事前準備。若是不管三七二十一就去做，是不行的。

在自己有勝算之前，要一直重複不斷地仔細準備。預測未來的動向，如果有不確定因素的話，就要準備好去對抗它。

若對目前為止所做的準備，覺得有危險的話，就要重新做準備。若發現準備有不足之處，就要補強。

這時，也許有必要修正你的「五事」。你的使命有沒有錯呢？有充分認知大環境嗎？有掌握住對手的動向嗎？你是否具有領導力？有持續提高自我能力的習慣嗎？

至少要在事前做到「只要先做到這樣，應該就不會輸」這種程度的準備。

只要有「也許會輸……」這樣的不安，或是覺得「似乎不會贏……」的話，就是準備不足。

設想實戰中的所有情況，一直到有勝算，也就是有獲勝的想像之前，都要不斷地準備、再準備。

第2章

停止魯莽地 持續進攻

作戰篇

06

即使無法獲勝，也要採取不會輸的作戰方式

其用戰也貴勝。

【譯文】
戰爭的最終目的是獲得勝利。

這是孫子在闡述：現實的戰爭中，「獲勝」是最重要的事。那是當然的。這不但攸關自己個人的生死，如果輸了的話，也會使我軍蒙受龐大的損害。因此，要是戰敗的話，就無法挽救了。

把這一點置換到現代人的人生及工作上的話，要如何來思考呢？雖然在工作上，即使

失敗，也不會被奪取生命。

當然，我們是以獲勝為目的而戰，不過人生是很漫長的。以長期來思考，要珍惜屬於自己的勝利。

若是不顧後果地只執著於眼前的勝利，因而疲憊不堪或身心崩壞的話，人生有可能就輸了。

即使無法獲勝，也要採取不要輸的作戰方式，以「最終不要輸」為目的。因為一心想要獲勝而強行去做，但最後卻無法堅持下去的話，整個人生就輸了。

況且，戰爭本來就是令人疲累的事，會消耗一些東西。不要輕率地去戰，有時視時機及狀況而選擇不戰，也是必要的。在無法獲勝時，先不戰，而將戰力保存下來。這是以長遠來看，為了不要輸所必須採取的作戰方式。

07 進攻時要速戰速決

故兵聞拙速，未睹巧之久也。夫兵久而國利者，未之有也。

【譯文】

在戰爭中，有聽過「雖然多少有些粗拙之處，但因速戰速決而獲勝」的事例，卻沒有聽過「力求完美使戰事拖延而獲勝」的事例。

因長期作戰而為國家帶來利益，是從來都沒有過的事。

將整個一生當作戰爭來思考的話，應該會有幾個「就是現在！」的決勝時刻。若你在當下認為「能夠獲勝」的話，就盡可能在短時間內一口氣進攻。

時間就是成本。若是長期作戰，就會變成是浪費時間。加快速度的話，不僅能夠節省自己的時間，也不會白費對方的時間。

用兵作戰，沒有比速戰速決更重要的事。

以大學入學考試為例吧！沒有人一開始便想要重考十次而來應試的吧！因為想要在當年就考上，所以能夠集中火力在這一年中努力。即使要重考，也是認為「無論如何，只重考這一年就好，明年一定要考上」，因此才有辦法再拚一年。

一邊在公司上班，一邊想要考取各種資格考試的時候，也是一樣吧！「有適合的時機再去考吧！」這樣漫不經心的話，只會每天心不在焉地看看參考書而已。這樣的結果就是白費時間。下定決心：「要通過這次的考試！」努力的節奏和步調才會出來。

這可以適用於在工作上為自己訂一個期限，也就是要試著去限定時間。

在工作上，不常有人為我們設定期限。你自己才是領導者。由自己決定期限，然後去挑戰。

面對期限，專心地去做。萬一無法順利達成的話，暫時先退一步，再一次重新演練作戰計畫，然後訂一個新的期限，再去實行。

要是沒有決定好期限，磨蹭散漫地工作的話，成本就會一直不斷地被浪費掉。這種情況下的期限，要以短期間來劃分。像是設定「月底前」這類期限的戰事，如果到了月中還未著手去做，就會開始焦慮不安，進而讓人在中途趕快急起直追。

要將長久的一生劃分成各個較短的期間，不斷地進行作戰。散漫地拖拖拉拉是不好的。畢竟孫子也說，從來沒有因拖延而順利完成的事。

不要拘泥於原創性

08

故智將務食於敵，食敵一鍾，當吾二十鍾。

【譯文】
遠征敵國領地的優秀將軍，會想辦法在敵方領地內獲取糧食。因為吃敵人一鍾（大約一百二十公升）的糧，相當於自國內運送二十鍾。

孫子所要說的是，請在敵國領地內籌措糧食。進一步而言，不論是兵隊、武器或戰車，若是能夠獲得敵方的東西，都比從自己國內特別運送過去，還要有效率。

將這點置換到工作上來說，就是指：**請虛心地學習，模仿他人的優點**。即便對象是競爭對手。

說到競爭對手，我們通常都是嫉妒、憎恨、說他是「這傢伙！」的這種情緒，但是稍微改變觀點，抑制一下情緒，就可以把對手的作法變成是自己的東西。

若是認為「那小子還真厲害呀！」「這個作法不錯耶！」的話，那麼自己就能夠去採納。

雖然不可以全部模仿抄襲，但是也不必拘泥於所有東西都是要自己原創。靠自己去創造出全新的工作方式或企畫等，並且使其成功，需要龐大的成本。耗費了相當多的時間，失敗的情況卻依然不少。

不必每個人都是愛迪生或史帝夫．賈伯斯。如果是你認為的好事，即使是他人的點子，去學習及模仿也是比較有效率的。

例如，競爭對手開發了新市場的話，就設法在那裡下工夫，搭順風車。藉由對手幫忙宣傳，自家的商品也會受到注意。

當敵方猛攻的時候，通常我們會覺得：「被打敗了！」不過，也可以把它當作機會，如果看起來不錯的話，不妨去思考：「我們也來做吧！」

與其為了要跟敵人對抗，而想要以原創方式去開發新市場，倒不如改變想法，藉由虛心地向他人學習，也能夠打一場不敗的戰爭。

09

與敵人聯手，創造加乘效果

是謂勝敵而益強。

【譯文】

這樣的作戰方式，才能在每次戰勝敵人的同時，也增強我軍的戰力。

這句話前面的描述是：「……取敵之利者貨也。故車戰……賞其先得者，而更其旌旗，車雜而乘之，卒善而養之。」（要奪取敵人的物資加以利用。在車戰時，能奪取敵人戰車者給予獎賞，並將其戰車的旗幟改成己方的旗幟，編入我軍的隊伍中。並且，要善待被俘虜的敵軍，使其成為我方的軍隊。」

也就是說，若是能夠將對方所擁有的全部資源，都變成我軍的東西，有效地加以活用，那麼在每次戰勝敵人的同時，我軍的兵力也會更加強大。

在前一篇中，曾提到要去模仿敵人的優點，在此處則更進一步地思考，該如何與對手合作，共同戰鬥。

所謂的對手，也有可能是同事。例如，你不能輸給在公司內部互相競爭業績的業務員。但是有時候，雙方若站在同一戰線上，**彼此都能夠達到個人所無法完成的偉大成果**。

舉例來說，藉由彙整彼此的客戶來增加交易量，也許可以開拓出價格比以前更優惠的進貨通路。如此一來，就能夠攻入之前只憑個人時不會理睬自己的供貨廠商。

甚至，若能跟競爭企業聯手，共享彼此的優勢，也許還能夠使市場擴大也說不定。

就因為有對手的存在，所以能夠更加拚命。「絕對不要輸給那傢伙」的這種意識，會成為自己的正向動力。

不過，別一心只想著要與對手競爭，也有一種作戰方式是藉由偶爾與對方合作來讓自己成長。

巧妙地利用對手的力量，一起獲得勝利。最初是仿效對方的優點，然後中途開始合作。超越公司與公司之間的隔閡來共同工作。與對手變成伙伴之後，有時會有一加一大於二的效果。

如果能夠擁有認同彼此的對手，是很不錯的。

第3章

沒有戰爭，就不會有輸贏

謀攻篇

10

讓人心服地說：「這是值得欽佩的敵人！」

凡用兵之法，全國為上，破國次之。

【譯文】

在戰爭中，保全敵國的狀態，不加以毀傷地攻掠，是上等的策略；擊破敵國而獲勝的，是次等的策略。

孫子生活在群雄割據的時代，因此周圍都是敵國。攻陷一個國家後，就會將其據為己有。在當時，如果將對手國打得面目全非，使其疲弱的話，馬上就會變成自己國家的弱點，反而讓第三國有進攻的可乘之機。

他是基於這樣的意義，而闡述不要傷害對手國吧！

將這個觀念置換到現今世界的話，就類似運動家精神。輸的團隊為獲勝的對手加油，送上聲援的吶喊聲。這是運動場上常見的場面。

這就是漂亮的獲勝方式。這是會讓戰敗的對手佩服地說：「真是一場很棒的比賽。下一場請連同我們的份一起努力，贏得最後的勝利！」的獲勝方式。

這種方式也許會讓人覺得很有風度。

不過，孫子所說的是更具理性的思考方式。

為了不要輸，最好不要樹立無謂的敵人。

不要把戰敗的對手當成敵人，反而要把他變成隊友。

如果所採取的獲勝方式會招致怨恨，這並不是件好事。人生因為有競爭，當然就會有勝負。輸的一方，是不會甘心的。

然而，招致怨恨，甚至持續被憎恨，是毫無益處的。不要讓別人在背地裡說「那傢伙的作法很卑鄙」這種壞話，而是要讓人心服口服地說：「那傢伙真有兩把刷子！」「我們自己輸了，也是沒辦法的事。」「雖然他是敵人，卻值得欽佩。」

戰爭並不會因為你戰勝了一個對手而就此結束，之後還會有下一個對手。在不斷持續下去的戰爭中，最好要避免在某處被某人扯後腿。

在獲得勝利的時候，沒必要再對對手窮追猛打。在最後，讓對手成為隊友，就是孫子所謂的「全國」。

創造獨一無二的領域，在開戰前壓倒對方

11

是故百戰百勝，非善之善者也；不戰而屈人之兵，善之善者也。

【譯文】
即使作戰百次，獲勝百次，還稱不上是最完善的計策。不必交戰就使敵人屈服，才是最高明的計謀。

認為百戰百勝才是最好的，而以成為常勝軍團為目標的人，有不少吧！當然，因為都沒有輸，百戰百勝沒有什麼不好。只是，孫子並不是這麼想的。

雖然百戰百勝並非壞事，卻不是最好的結果。在戰了一百回合之後，一定會累。不只是你身心俱疲，對方也會千瘡百孔。

孫子所闡述的是，不必實際開戰就獲勝，亦即不需交戰就使對方降服，是最好的。因為自己和對方都不會疲憊不堪，也不會平白浪費成本。

作戰一定會帶來損害，那就是要付出的成本。例如，若是打一場價格戰，即使戰勝了，也可能沒有什麼獲利。那樣的話，就沒有意義了吧！

與其不斷反覆打一百回合的消耗戰，倒不如將戰爭次數減少至二十回合，若是剩下的八十回合能夠不戰而勝的話，就不會造成雙方的損害，也能夠將敵人變成隊友。

那麼，要怎麼做才可以不必交戰就讓對方屈服呢？

最好的方法，就是在開戰之前讓對方認為「我贏不過這個人」，讓對方喪失戰鬥意志。為此而必須要去做的，是創造絕對不會輸的獨特領域，讓大家認為「這塊領域非他莫屬」、「要在這個領域跟這個人對抗，是白費力氣，還是放棄吧」。

以我來說，就是聚焦在把工作日報表運用在諮詢上。雖然很多企業都有在利用工作日報表，用法卻都很普通，沒有特色。

我使用工作日報表來提高業績、教育員工等，將日報表當作可以讓整個公司變得更好的工具，以此為特色並加以鑽研。

雖然其他的諮詢顧問也有提出「要寫日報表」，但是要怎麼寫、如何去運用等，這些細節都沒有人提及。於是我鎖定這點，讓它成為自己專門的獨特領域。

跳進去做大家都在做的事，是不行的。限定在原本敵人就比較少的領域上，並將其專業化，就不太會有競爭出現。**為了不要開戰，在獨特的領域上決勝負即可。**

只是，這裡所謂的獨特領域，不只是「很強」的程度而已。以這種等級的話，對手馬上就會出現，戰爭就會開始。

以行銷用語來說，就是開拓只有自己注意到的藍海，並將其專業化。

即使不是全新的東西，也能夠藉由改變想法或觀點，使其成為自己的獨特領域。也就是大家認為「到目前為止，還沒有出現半個提出這種事的傢伙」這樣的等級。這才是壓倒眾人的等級，才是獨特領域。

若是能夠做到讓人認為「即使想要仿效，但不管怎麼做都無法追趕得上」、「即使能夠模仿，卻無法勝過」的話，就能夠不戰而勝了。

12

在敵國領地作戰時，要有對自己不利的自覺

上兵伐謀，其次伐交，其次伐兵，其下攻城。攻城之法，為不得已。

【譯文】

最佳的作戰方式，是洞察敵人的謀略及計策，使其無力開戰，其次是斷絕敵人的盟友及友邦情誼，使其孤立。

如果這些都無法做到的話，就要準備與敵人交戰，此時的最下策是攻打敵人的城池。攻城，是在沒有其他策略時，無可奈何之下所使用的手段。

在這裡，我們來關注「攻打敵人的城池是最下策」這一部分。

這與前一篇是剛好相反的觀點。進入敵人壓倒性的獨特領域內作戰，因為是客場戰，最好盡可能避免。如果無論如何都非攻入不可的話，**必須要謹慎地做好萬全準備，再去進行**。

雖然明知狀況不利於己，但也會有非得要在敵國領地交戰不可的情況。

孫子一方面主張「攻城是最壞的方式」，卻也說了「在沒有其他策略，無可奈何的情況下，只好攻城」，乍看之下互相矛盾的內容。

此時，首先徹底地調查清楚對方的獨特領域，是很重要的。在不知道會發生什麼事的前提下，要比平常更加謹慎，務必事先設想好所有的情況。

完全沒有注意到那是敵國領地而前去赴敵，是最糟糕的。必須要強烈地意識到，自己是要去無法預料狀況的對方勢力範圍內。

原本應該是引誘對方到己方這邊來作戰，才是比較理想的狀態。但是，如果無論如何都必須要去敵國領地的話，要有自己將闖入不利場所的自覺，因此一定要比平常更謹慎地作戰不可。

13 以誰都不會有損失的「各方皆好」為目標

必以全爭於天下，故兵不頓，而利可全，此謀攻之法也。

【譯文】
務必以保全敵我雙方的方式來稱霸天下。如此才可以減少軍力的疲憊，取得完美的勝利。這就是運用謀略攻陷敵人的方法。

「賣方好，買方好，社會好」的「三方皆好」，是近江商人的用語而廣為人知。在此，我試著將孫子的論述以「各方皆好」這個新辭彙來做解釋。

這就是指去思考「不會耗損自己，也不會使對方疲憊」的獲勝方法，而且其結果能夠使客戶滿意，更能夠對社會有所貢獻。這就是「各方皆好」。

例如，與競爭企業的共同行銷，就是尋求「各方皆好」。與對手一起進行宣傳活動。同業人員共同舉辦展覽會來招攬客人。藉由思考「聯合」作戰，企圖讓敵我雙方都不用浪費兵力，卻可以產生更大的效果。

不能只看眼前的敵人。將來，敵人還是會陸續不斷地出現。人生也是會有接二連三的問題出現。若是光思考眼前的問題就疲憊不堪的話，就無法應付接下來發生的問題。

若是逐一與眼前出現的問題全力抗戰的話，即便百戰百勝，自己也會變得傷痕累累。要如何作戰，才不會讓自己疲憊不堪？方法之一便是：**將對方也牽扯進來的「各方皆好」作戰計畫**。

敵我雙方，不論是哪一方，有士兵陣亡就是損失。與其採取正面迎戰，使敵方折損五人、己方折損五人的作戰方式，不如己方的五人不會折損，若是能夠再讓對方沒有折損的五人加入己方的話，那麼我軍的兵力就達到十人。這才是聰明的作戰方式。

意思就是把上一秒鐘還是敵人的對方，變成搭擋，加入自己的陣營。這時，如果能夠將「這傢伙是強勁對手」這種有能力的人變成己方隊友的話，戰力應該就會大幅提升。

孫子很重視成本管理。在兩千五百年前的戰爭中，要如何有效地運用士兵、糧食、武器等這些「東西」，是非常重要的。因為在當時，「東西」原本就很匱乏，而且搬運這些「東西」要耗費非常多的勞力和時間。

戰爭中花錢如流水，也會耗費人力。為了控制成本並有效運用，就要盡可能地速戰速決，巧妙利用敵人的兵力及食糧，這是孫子苦口婆心說的。意思就是要運用智慧吧！

因為，智慧不用錢。

若實力不如人，就應該選擇撤退

14

小敵之堅，大敵之擒也。

【譯文】
只有弱小的兵力，卻不自量力地與強大兵力戰鬥的話，就只能成為敵人的俘虜罷了。

實力不如人，卻又認為「照理說應該不會輸」、「花椒果實雖小，卻也應該夠嗆辣」，是毫無意義的事。這不過是弱者的自尊心作祟，意氣用事罷了。

實力很明顯地落後對方，卻又莽撞地進攻，在對方看來就像「飛蛾撲火」，幾乎是確定要輸的。

如果不冷靜地看清自己的兵力，就無法擁有不會輸的工作及生活方式。

但是在現實裡，我們往往會固執地堅持「即使是強大的對手，我也不會輸」。而且這麼做的話，也許還會被誇讚。

的確，若是在公司裡有員工認為「反正我們就是不行」的話，士氣就會低落，上司也會生氣。但是，你仍必須在某處冷靜地理解「就這樣去開戰的話，是不恰當的」。

孫子所說的「去戰也可以」，是指只有在我軍與敵軍具有同等級以上的戰力時。若是我軍的兵力較少，就要撤退。也就是說，如果看似完全比不上敵方的兵力的話，就請避免與敵人正面衝突。

不論是企業或個人，以自身的力量小為藉口而放棄，是不好的事。但也不能因此就**只依靠「我怎麼能就這麼輸了」這種自尊心和意氣，憑著心志和膽量去作戰，這是不恰當的**。

所謂的不要輸，是指「不打會輸的仗」。雖然撤退或避開作戰，很容易被認為是懦弱的行為。但是，能否冷靜地退守，是非常重要的。

撤退是件困難的事。但是，仔細地分析自己與對方的實力後，如果認為不敵對方，就要考慮撤退的時機。不打沒有把握的仗，也是一種戰略。

在開戰前仔細分析狀況，若是看似會輸的話，那就表示一開始就不要去戰。

人生很長。若明知道會吃敗仗，就不必勉強去作戰。因為也有一種作戰方式是不戰。

對於自己的「但我還是非戰不可」、「不拚命努力不可」這種心態，就用「有時不去戰也無妨」的想法來原諒自己。

允許撤退，以長期來看，應該是會往「不會輸」的方向走。

當然，不可以將所有一切全都放棄。只是，視時機及情況，不戰而退也是可行的。

即便固執地堅持下去，要是輸了，一切就結束了。即使無法獲勝，只要沒有輸的話，一定會有一雪前恥的機會到來的。

在開戰前就預知勝負的五個要點

15

知勝者有五。

【譯文】

為了獲得勝利，應該要先知道的要點有五個。

孫子說，在事前先預知勝負的要點有五個。這也可以說是在比較敵我雙方時的觀點。

一、是否看清楚應不應該戰

仔細看清楚對方的動態，以及業界的動向、社會的環境等，只有在「就是現在！」的這種適當時機時才戰。若非如此的話，一開始就不要戰。

若知道競爭對手的公司要在何時推出新產品，己方就在前一天推出以便應戰。不過，若是判斷會來不及的話，就不要戰。

並非隨時隨地都要拚命地努力，而是要仔細觀察情況，集中在「就是現在！」的時候來全力以赴。

二、是否有依照兵力的大小來應戰

大企業與中小企業，作戰方式當然會不一樣。例如，大企業的話，有新產品要販售時，也許會在電視上打廣告。但是，中小企業卻不太可能有這種預算。那麼，就要思考該怎麼做才好。

在大企業工作過的人，如果換到中小企業工作，會有完全無法發揮的情況。因為之前都只依賴公司的招牌在做事，所以不懂得小公司的作戰方式。

相反地，若是任職於名片上的頭銜很吃得開的知名企業的話，有效地加以利用即可。

三、上下的想法是否能夠一致

不太清楚現場實際狀況的上司，提出要那麼做、這麼做的各種指示時，就好比用鎖鏈將公司及團隊層層纏繞住。

現在好像有很多要上司「放手交由屬下去做」、「不可以一直不斷地再三嘮叨」的論述。因為不瞭解現場卻又出言干涉，是不行的。要確實地瞭解現場的狀況之後，再給予建議或提出指示，這樣才是正確的，而且所給予的建議才是寶貴的。這樣的人的智慧，應該要採納並加以運用。

上司與屬下的信賴關係，是要合乎現場的實際狀態，才能建立起來的。

四、事前的計畫及準備是否周全

當己方有做好充分的準備，而對方的準備不完善時，己方就會獲勝。這是一種伏擊搞不清楚狀況、毫無戒心就攻來的對手的概念。

孫子在很多地方都提到「事前準備」的重要性。也可以說，勝負取決於事前的準備吧！

收集情報，徹底執行模擬，在足以應付所有的可能性之前，不斷地準備。這種準備的差異，將決定勝負。

五、將帥是否有才能？國君是否不會過度干涉？

雖然率領軍隊的人是將軍，但其上還有君主（國王）。以公司組織來看的話，將軍是經理，而君主是社長吧！

若是經理有能力的話，社長對於經理所做的事，不會什麼都要干預，就讓他去做要做的事即可。

這也未必僅止於經理及社長的關係。如果自己是領導者的話，請善加利用屬下及後進。此時，不可因過度干涉而束縛了他們。優秀的領導者，會全部都委任給優秀的屬下。

只是，如果屬下並不優秀的話，就必須要加以干預了。因為一旦全權交由他們去做，就無法獲勝。

是不是要將工作交由他們去做？還是介入指導並一起進行？要仔細判斷清楚，這是很重要的。

16 洞悉對方和自己

知己知彼，百戰不殆。
不知彼而知己，一勝一負。
不知彼，不知己，每戰必殆。

【譯文】

在作戰時，若是瞭解對方（敵軍）的實際情況，也瞭解自己（我軍）的實際情況的話，即使作戰百回合，也不會陷入險境。

若是無法掌握對方（敵軍）的實際情況，只瞭解自己（我軍）的實際情況，在這種狀況下的勝負可能各半。

如果不瞭解對方（敵軍）的實際情況，也不瞭解自己（我軍）的實際情況，每次作戰都一定會陷入險境。

這也許是《孫子兵法》中最有名的一段，不過，不知道後半的人也很多吧！這一段很有韻律，文章也很簡潔，請務必將它記下來。

關於所謂的瞭解對方、瞭解自己，指的是什麼，到目前為止已出現了相當多的提示。

在這裡，我想要將重點放在孫子說的，即使瞭解自己及對方的情況，「作戰百回合也不會陷入險境」這一點上。他並沒有說一定會獲勝、會百戰百勝。因為如果知道敵人很強，而己方比較弱的話，逃跑也是一個選項。

瞭解對方，也瞭解自己，卻還是戰敗的人，就必須要更加嚴格地重新問自己：「**我真的瞭解對方嗎？真的瞭解自己嗎？**」

會不會是只瞭解自己，但是不太瞭解對方？在那樣的狀況下，獲勝還是失敗，機會各半。

若是每次都輸的話，那就是不瞭解自己，也不瞭解對方。在什麼都不瞭解的情況下，只是盲目地做。你是否陷入了這樣的狀態呢？

一直處在「必殆」狀態下的企業和人，出乎意料的多呢！

第4章

事先建立好不會輸的「形」

軍形篇

17

先鞏固防禦，等待對方暴露出弱點

昔之善戰者，先為不可勝，以待敵之可勝。

【譯文】

自古善於作戰者，首先要讓自己擁有「即使敵人進攻，對方也無法獲勝」的條件，然後等待敵人暴露出弱點，我軍一進攻便能夠獲勝的時機。

「先做好鞏固防禦」這句話，放在商場上，也許會令人有格格不入的感覺。

孫子更進一步地說，防禦之後，並不是馬上進攻，而是要等待敵人暴露出弱點。也就是指不要莽撞地進攻。這真是終極的不敗工作術呀！

這正與「飛蛾撲火」完全相反，是在生火之後，等待飛蛾自投羅網。

不論己方有多少個不敗的理由，能否獲勝還是要視敵人而定。我們無法如己所願地控制敵人。也就是說，我們無法改變過去和他人。

不過，我們卻能夠靠自己做好自身的準備。首先要有萬全的準備，然後就是等待。勝負，是對方與自己相對的關係。首先，充分地將能夠控制的自身準備做好。因為自己和未來是可以改變的。

讓我們**將「防禦」理解成「去除弱點」**的意思。人們經常說要「發揮所長」，但在此之前，如果認為自己在數字方面或用人方式很弱的話，就在這方面先做好補強。

接著，若是發現對手的弱點，例如「對方弄錯了價格戰略」的話，再全力針對此處攻擊。

或是有與自己同期的對手，他的業務能力很強，十分活躍，但是數字能力卻很弱。那麼就用數字來決勝負。不過，在這之前，你要先將自己不擅長的業務能力、溝通能力都磨練好才行。

也就是要事先將自己工作的能力提高。

孫子在這句話之後，也馬上說到「勝可知，而不可為」（知道獲勝的方法，與實際獲得勝利，是不同的兩件事）。

即使知道獲勝的方程式，但因為對手情況的變化，因此實際上能否獲勝是無法得知的。並不是依照方程式去解，就一定會有答案出來。

不論自己準備得多充分，若是對方比我們多做一些的話，我們就無法獲勝。

也因為如此，我們更加瞭解「準備」有多麼重要。防禦再防禦，就會贏。以足球為例，理想的作戰方式是嚴加守備，防守再防守，等對方一有疲態，就立刻以速攻反擊。

只要不讓對方得分，就不會輸。先徹底做好守備，不要讓對方得分，這是孫子派的作戰方式。

以內行人才懂的真才實學為目標

18

見勝，不過眾人之所知，非善之善者也。戰勝，而天下曰善，非善之善者也。

【譯文】

對勝利的預測，若只是一般人都知道的程度，並不能說是最高明的。打了勝仗，而被天下一般眾人稱讚，那是外行人也懂的勝利，也不能說是最高明的。

即使做到了一般常識上認為是好的事情，那也不過是一般常識而已。當然，這種情況雖然比做不到的好，但若面對的是超越一般常識的對手，你就輸了。

我們不能因為自己能夠做到外行人一看也懂的程度的事，就覺得滿足。雖然乍看之下沒什麼，但是專家一看就知道其中的厲害之處。要能夠做到這種程度，才能稱為真才實學。

在美國職棒大聯盟的比賽中，鈴木一朗選手讓我們見識到了誘騙技巧（trick play）。在一人出局、一壘有人的情況下，有一記高飛球往一朗守備的右外野飛來。往後退的一朗，在第一瞬間採取接球的姿勢。但是，球卻越過他的頭頂，直接打在全壘打牆上。接著，一朗迅速接起反彈球傳到二壘。一壘的跑者跑到三壘便停止。

任何人都會認為是一朗漏接，但事實上並非如此。在球擊中球棒的那一瞬間，一朗就察覺球會越過自己的頭頂。但他硬是讓一壘跑者誤以為他要接殺這記高飛球。

結果，跑者以為一朗要接殺，在一、二壘間先暫停下來，等到看見球打到全壘打牆，才又慌張地起跑。

若是沒有一朗那一瞬間的假動作，一壘跑者就會跑回本壘得分了。這是為了阻止這種情形發生的誘騙技巧。

實況轉播者為這一記深遠的安打而歡呼，但旁邊的解說者卻低聲地佩服說：「這是真正有實力的外野手的表現。」

真正專業的工作，看起來出乎意料的不顯眼。而能大聲打招呼的人會引人注目，則是常識。

這件事本身並不是壞事。不過，在別人離開之後，把掉在地上的紙屑撿起來丟到垃圾桶的樸實老員工，其工作優點卻沒有人發現。

但是，就在不起眼的行為當中，才隱藏著真正專業的工作。

為了不要輸，我們不要只停留在顯眼的常識的這種程度上，應該要以不起眼的專業工作為目標。

19 只有在能夠獲勝時才作戰

古之所謂善戰者，勝於易勝者也。

【譯文】

自古以來，兵法家所認為的優秀者，是戰勝容易戰勝的人。

能夠判斷情勢，並且只與可以戰勝的對手作戰的人，就不會輸。只是在周遭人的眼裡看來，也許會認為：「這只不過是贏了比自己弱的人吧。」但是，這樣也無妨。因為魯莽地向不知能否戰勝的對手進行突擊而吃下敗仗，這才是最令人懊惱的。

不要輸的工作術，有時也許不容易被周遭的人所理解。畢竟它絕對不是引人注目的。正因為很低調，所以有很多事只有瞭解的人才會懂。

換言之，就是**去做確實的工作**。這麼一來，不會犯錯，卻也沒有什麼顯著的功績。但這不是為了要獲取勝利，而是以「不要輸」為目的。

另一方面，若是能夠獲勝的戰爭，即便只是一場小小的戰役，都不能輸。也就是說，一旦進攻，就一定要獲得勝利。並且在看起來不會贏的時候，就不要開戰。

只有在能夠獲勝時才作戰，實際上是一件非常困難的事。因為你必須在開戰前就去預測己方可以獲勝或無法獲勝。

有些人理所當然地在做著理所當然的事。我們常認為某些事「怎麼這麼不起眼呀」，可是一旦我們自己也去做同樣的工作時，才會發現這麼理所當然的事竟然自己都做不到。

「那個人是怎麼做到的呢？他看起來平淡無奇地在做，但是我真的試著去做，才發現竟然這麼困難。」當你工作的部門或負責的事務有變動時，是否曾經這麼覺得呢？

真正不會輸的人，看起來出乎意料的低調。
反過來說，在看起來不顯眼的人當中，存在著穩健作戰而不會輸的人。

在獲勝的想像形成後再開戰

20

勝兵先勝而後求戰，敗兵先戰而後求勝。

【譯文】

會打勝仗的軍隊，是先確定己方會獲勝之後，再為了實現其勝利而開戰。常打敗仗的軍隊，則是先開戰之後，再追求勝利。

會獲得勝利的人，是在開戰之前，就能夠預測己方能否戰勝的人。意思是，他在先有獲勝的想像之後才作戰。而在無法具有獲勝的想像時，不會去開戰。因此，不會打敗仗。

會吃敗仗的人，都是還不清楚會戰勝或戰敗就去作戰的人。也就是一邊作戰，一邊想

「應該怎麼做才會獲勝」的人。當然，這樣也許有獲勝的機會，但也有一半的機率會戰敗。要在獲勝的想像形成之後，再開戰。

以業務員為例，去跑業務之前，要先在心裡描繪商談的情節。「如果談到這個部分的話，可能會被這麼問。」「這時，可能會被要求要看資料。」對這些進行想像後，再去做準備。

去思考商談能夠順利進行的情節，然後做好準備才去拜訪客戶的人，有可能一次就將事情談成。

反之，姑且先去拜訪客戶，「看看能有什麼吧」這樣毫無計畫而前去商談的人，在現場聽了對方有何需求之後，才回來做準備，然後再去一次，因此要耗費兩次的工夫。

在這段期間，有可能會錯失這麼難得的機會，也有可能會被其他家公司搶走。因此這樣做是不行的。

在獲勝的想像形成之後才開戰，這在日常工作中也是很重要的事。我們常說，在前一天工作結束之前，要先將第二天的計畫安排好再回家，就是這個道理。

因為事前有先深思熟慮，就能做好準備，不必耗費第二次、第三次的工夫，效率就會提升。

當無法有獲勝的想像時，就不能開戰。若是以惰性、不預先演練就直接上場的心態來工作，就無法達到不會輸的工作狀態。

21

自由自在地掌控勝負

善用兵者，修道而保法，故能為勝敗之政。

【譯文】

善於用兵者，以先前所論述的勝敗之道理、思想、觀點為依據，指示應當前進的路線後，更要貫徹軍制，以及評價和測定的基準。這樣才能夠掌控勝負，邁向勝利。

孫子說，必須要正確地掌握應該前進的路線及理想的狀態，貫徹評估基準不可。

姑且不論兩千五百年前的細微標準，在此處重要的是，要有邏輯地累積致勝的情節，明確訂出在這個過程中的評價方法及測定基準。

首先是關於作戰方式，要整體地全面充分考慮。如此一來，不只能夠做好事前的準備，假使有預料之外的事情發生，也能夠對其做好正確且及早的應對處理。

接著是所謂的評價基準，在此我們以制式化的工作來思考。即使是每天固定的業務，也不要漫不經心地處理，要按照自己定好的標準有意識地進行。

例如，若是每天要從A地通勤至B地的話，就事先決定好單趟所要花費的時間是六十分鐘這樣的基準值。

因此，當耗費了七十分鐘時，我們就能夠注意到有延遲十分鐘的這個差距，並採取「明天要走快一點」的對策。這也可以說是重複執行PDCA（Plan-Do-Check-Action）吧！

這種作法不只侷限於工作。你也可以將自己每天的生活制式化，與基準值比較後，再來做修正。像是早上六點起床，或是每天慢跑三十分鐘等，建立起自我的規則之後去遵守，然後進行修正。

貫徹這兩種作戰方式，並且利用制式作業的PDCA，你就能夠自由自在地掌控整體的工作。

若是能夠看清勝負、掌控工作的話，自己就可以決定要攻要守、要戰不戰的時刻，然後依此來行動。

所謂的掌控勝負，就是指能夠自由自在地依照狀況，去區分會勝利時才戰，會輸時不戰這樣的情況。

22 事先儲備可當作能量的數據

勝者之戰民也，若決積水於千仞之谿者，形也。

【譯文】

作戰勝利者，在讓人民去打仗時，會創造出如同被阻絕的滿滿積水一口氣宣洩而下至深谷般的氣勢。

這才是打勝戰的態勢（形）。

這正是說，要一直不斷地儲存能量，然後在「就是現在！」的當下一口氣往前衝，就形成了不要輸的「形」。

在此，我們試著將其置換成：要先儲備數據的重要性。

為了作戰，數據是必要的。也就是在事前要擁有存貨。

若沒有在日常生活中經常去做，就無法儲存數據。如果自十年前就開始儲備，手邊就有十年份的數據。為了緊急關鍵時刻的不時之需，必須在事前先儲備好才行。

就好比「滿滿的積水」一般，要持續不斷地儲備數據。可以依照職務的需求，像是客戶情報、公司內部情報、新的點子等，利用記事簿、智慧型手機或筆記本記下來。擁有事前就先「儲存」的東西，在重要的關鍵時刻，就可以立刻拿出來。

就像是藝人所做的素材筆記那樣的東西。不論是多麼細微的瑣事，都要把它記錄下來。將其大量的累積起來，是有意義的。

這也可以說是活用自己或公司的大數據（Big data）吧！

人生中，有許多「就是現在！」的決勝點。遇到這種時刻，你所儲備的數據，一定會為了不要輸而派上用場的。

順帶一提，積水化學工業、積水房屋這些企業的前身——積水產業株式會社（一九四七年創業），其公司名稱「積水」的由來，就是《孫子兵法》的這一章節。意思是「進行事業活動時，要充分地做好分析及研究，準備好之後，以萬全的狀態，用積水的氣勢來打勝者之戰，是非常重要的」（取自積水化學工業株式會社網頁）。

第5章

意識到氣勢、速度和時機

兵勢篇

23 活用資訊科技，做好情報的共享及傳達

凡治眾如治寡，分數是也。鬥眾如鬥寡，形名是也。

【譯文】

統帥大部隊卻好像統帥小部隊般，使之井然有序，這是因為有確實地做好部隊編制及組織營運。指揮大部隊戰鬥卻好像指揮小部隊戰鬥般，能夠統整管控，這是因為有立起旗幟、擊鳴銅鉦、敲響戰鼓等，順利地做到通信及情報傳達。

首先，前半段在說，儘管是統帥多人，卻能夠像統帥少人那般，靠的是組織營運的訣竅（分數）。

要點就是情報共享，共同具有「我們的作法是這樣」、「以此為目標」、「這麼做的話是不行的」、「因為我們的組織有制定這種最基本的規則，並且遵循這些規則」等這些情報。

因為人數少，經常都會碰到面，即使不必再說這些也無妨吧——有相當多人是這樣認為的。但是，**儘管人數少，也應該共享情報**。

最適當的手段就是「資訊科技」。累積過去的事例，做成資料庫。

因此，不是對新進人員說：「有這樣的規則，請務必遵守。」而是可以讓他看過去的數據，然後告知他：「事實上，因為五年前發生過這種糾紛，所以現在的規則是這樣。也許你會認為有點麻煩，但還是請遵守這個規則。」如此一來，新進人員的接受度應該會完全不同。

如果穩固地建立起情報共享的結構，會議的性質也會改變。只是報告結果和業績的會議，就變得沒有必要。因為只要各自能夠讀取同樣的資料就可以了。這樣一來，必然就會變成以檢討、議論和集思廣益為目的的會議。

後半段是在說情報傳達的重要性。所謂的「形名」，就是指銅鉦、戰鼓、旗幟和幡等，這類標幟和信號。

並非個別擅自行動，而是為了有組織地行動，必須指示「還沒喔」、「要等待」或「趁現在」、「前進吧」的時機。

將其置換成現代的話，儼然就是資訊科技的活用，也就是適時地將行動時機同時通知給大家的情報傳達。

若用業務團隊來思考的話，比較容易懂吧！對於分散在全國的三十位業務員，在總公司的領導者可以將「新產品的開發已經完成了，現在馬上去推」這樣的指令，一次寄送給各業務員所攜帶的智慧型手機及平板電腦。業務員一收到通知後就去行動。

當然，這並不是說只要使用資訊科技，或是只要給員工配備智慧型手機就好了。最終的目的是要情報共享及快速的傳達。資訊科技終究只是一個手段，只是將孫子那個時代的銅鉦、戰鼓、旗幟和幡的形式做改變，變得更加快速、正確而已。

24

首先確實學好基本功

三軍之眾，可使必受敵而無敗者，奇正是也。

【譯文】

要能夠使全軍所有的士兵，對於敵人的各種出擊都可以應付，是因為絕妙地靈活運用了（自在變換出其不意的）奇法與（按照常規的）正法。

孫子說，若是能夠巧妙地運用奇法及正法的話，不管對方如何攻打過來，都不會輸。為此，首先就必須要知道常規（正法）不可。

瞭解並執著常規，是首要之事。如此一來，即使敵人不依常規攻打過來，也能夠不慌不忙地應付。當然，若是敵軍從正面攻來的話，依照常規來對應也不會有問題。

這是指**不可以不懂常規，只單憑臨時浮現的想法來工作**。有一個詞叫「守破離」，是確立能劇[1]的世阿彌[2]的教喻。

其意思是：

首先，要「守住」基本的原形。

之後，要創造出適合自己的更好形式，「打破」基本的原形。

最後，要「脫離」形式，隨意自如。

最初都是要從基本，也就是常規開始。

就算使用出奇的作戰方式一戰而勝，但若是不懂常規的話，有一天終究還是會打敗仗。

雖然要忠於常規，但如果能夠不拘泥於常規，依時間及場合的不同而進行自由的作戰方式，那就是最好的。

所謂的常規，就像是報告、聯絡和商量。這是工作基本中的基本。更進一步而言，至少要先讀過彼得．杜拉克（Peter F. Drucker）的書，至少要知道「SWOT分析」這種基本的商業用語。

連基本功都無法做到，只是靠臨時浮現的點子，就會輸。為了維持能夠承受任何攻擊的狀態，也就是為了不要輸，前提是要先瞭解常規。

譯注

1、能劇：佩戴面具演出的一種日本古典歌舞劇。

2、世阿彌（約一三六三～一四四三）：日本室町時代初期的能劇（時稱「猿樂」）的樂師及劇作家。

25

靈活運用正攻法及奇計，變化作戰方式

凡戰者，以正合，以奇勝。故善出奇者，無窮如天地，不竭如江河。

【譯文】

一般來說，在戰爭中是以正法與敵方對峙，用奇法取勝。因此，擅於奇法者的戰術，就像天地般無窮無際，像長江和黃河般源源不絕。

若是將遵循基本及常規的戰術稱為「正攻法」，而出其不意的戰術稱為「奇計」的話，依據己方與對方的關係，可將正攻法變成奇計，或將奇計變成正攻法。

如果正攻法對上正攻法的話，戰事會陷入膠著，分不出勝負。這時，就要使用出其不意的奇計。

但是，若每次都使用相同的奇計，對方就能夠預測「這些傢伙會這樣攻來」，而無法出其不意，結果就變成與正攻法相同了。

反之，當對方預測己方會採取奇計，己方卻以正攻法進攻的話，對敵方而言，就相當於出其不意的奇計。

我們以牛肉蓋飯連鎖店來做說明。A連鎖店採取低價、提供只有牛肉蓋飯菜單的戰術。在其能夠被市場接受的時間點上，是為正攻法。

而後進的B連鎖店，為了與A連鎖店對抗，將牛肉蓋飯的價格制定與A相同，另外又增加了配料及副餐。這時就是對A的奇計。

被奪取市占率的A，急忙地加入配料及副餐。如此一來，配料及副餐這條奇計就變成了正攻法。因為餐廳裡供應的牛肉蓋飯有配料及副餐，變成是理所當然的事。

對此，若是B以A曾經使用過的戰術，只提供牛肉蓋飯，再降低價格來對抗的話，那麼曾經是正攻法的戰術，對A而言就變成是奇計。

也就是說，不要被常識所束縛。常識，是經常在變化的。

孫子在之後接著寫道：「奇正相生，如循環之無端。」（正生奇，奇生正，循環不息的樣子，就好比圓環無盡頭〔終點〕般。）

依照狀況，正攻法及奇計的關係，會因對手的不同而不斷地改變。若是能靈活運用，正攻法與奇計就會跟莫比烏斯環（Möbius band）一樣，正反面成為一體，作戰方式將會變化無窮。

26

認清態勢及時機

激水之疾，至於漂石者，勢也。
鷙鳥之疾，至於毀折者，節也。
故善戰者，其勢險，其節短。

【譯文】

水流湍急而能使岩石漂移，是因其水勢使然。
猛禽俯衝一擊便將獵物毀折，是因為有絕妙的時機。
因此，善於作戰者，其投入戰鬥的態勢是大而險峻的，其釋放的態勢是集中在一瞬間。

許多人認為，有態勢之時，就是進攻的時機。但孫子說，態勢及時機應分別視之，缺一不可。

態勢很重要，這是理所當然的，不過並非只要有態勢就好，**有絕妙的時機，並配合時機集中全力的話，態勢也會更加增強**。

我們可以用〈軍形篇〉中出現過的「積水」來想像。在水壩內一直不斷地蓄水（態勢），在「就是現在！」的時機點上，一口氣使水壩潰決的話，是最有效果的。

然後，當最佳時機到來時，在短時間內集中火力進攻。

例如，新推出的冰棒產品，在網路上因口耳相傳而造成話題，突然暴紅熱賣。

對於來自各零售店蜂擁而來的訂單，還是使用舊有的小生產線來勉強增加產量，效果並不佳。拖拖拉拉地增加產量，不僅員工體力不堪負荷，銷售機會也會分散掉。

這時，大膽地宣布暫時停止生產，藉由一段缺貨期間來製造話題，提高顧客的期待。這就是蓄勢。

在這段期間內打造大型生產線，準備原料，然後一口氣販售大量生產的冰棒。當然，廣告宣傳也集中在這個時機上。

就如同水以讓岩石漂移的勢能流動、鷲和鷹俯衝捕捉獵物般，要在短時間內迅速地決勝負。

27 不要安逸於過去的成功經驗

亂生於治，怯生於勇，弱生於強。治亂，數也。勇怯，勢也。強弱，形也。

【譯文】

混亂是從井然有序的統治狀態中產生，怯懦是從勇氣中產生，衰弱是由強盛中產生。混亂或嚴整，是組織編制（分數）的問題。士兵是膽怯或勇敢，是氣勢的問題。會變得強盛或衰弱，是由軍隊所處的態勢和軍形而定。

孫子指出治亂（秩序及混亂）、勇怯（勇氣與怯懦）、強弱（強盛與衰弱）並不是固定的，總是在替換。而且只是相對的關係，並非絕對的。

因此，不可以放心、傲慢或疏忽大意。

這時的重點是：數、勢、形。「數」是組織營運；運行時的態勢，就是「勢」；至於是往有利的方向運行，還是往負面方向運行，則是由敵我雙方的配置（位置），也就是「形」而定。

稍微有一點成果就得意忘形的話，就會失敗。**要是安逸於強盛，就會變衰弱**。

無論是誰，都想要好好地珍惜成功的經驗。因為那實在令人難忘。但是，如果只依賴過去的經驗，終有一天會遭逢挫敗。

「自以為是」的業務員，無法適應時代潮流的變化、環境的變化。對於顧客在改變、市場的性質在變化、新產品或新通路在擴展等這些事情，總是追隨不上。

在不知不覺中被過去的成功經驗束縛，認為「我有自己的作法」，因而對公司的新策略採取否定的態度。如此一來，即使是難得的優秀人才，也會變成組織的腫瘤。而公司因為他還有一些實力予以容忍，如此長久下去，對公司的危害是很大的。

雖然有「自我風格」並不是一件壞事。但是，若只想貫徹這種「自我風格」，有可能會讓自己變弱。

因為有了「自我風格」而得意忘形的話，有可能會變成自己的弱點。

必須要經常去質疑「自我風格」。為了不要輸，這是應該注意的重點。

28 回應客戶的需求，更要搶在事前準備好

故善動敵者，形之，敵必從之。予之，敵必取之。以利動之，以卒待之。

【譯文】

善於調動敵軍的將領，會製造出敵人不得不動的態勢，隨心所欲地調動敵人。釋出一些利益給敵人當成誘餌，就可以隨己方之意去調動想要獲取利益的敵人。亦即，藉由一些利益來調動敵人，並準備好去埋伏等待不知情而動的敵人。

考慮到客戶的需求，並回應其需求的話，客戶只要高興、滿意，就會變成死忠顧客。但是，只以「回應客戶的需求」為目標的人，有很多吧！孫子說，這樣是不行的。

回應客戶的需求並不是最終目標。這不是終點，而是要主動去掌握客戶行動的瞬間，來思考接著要怎麼做。

必須要超越對方所想的不可。要具有如此周到的意圖，好比用誘餌將其引誘過來般，去回應客戶的需求。

敵人不會照著自己所想的行動。依據自己的情況而想要使其行動，對方是不會動的。但是，若站在對方的立場來思考，知道對方「一定是想往右走」的話，就想辦法使對方可以容易地往右走。如此一來，對方當然就會往右走。

按照對方所希望的去做，就能夠製造出對方依自己所想的去行動的瞬間。

這樣的話，就可以繼續在對方往右走時，搶在事前先做好一些準備。像是現場示範銷售或是發送傳單，就可以引導出對己方有利的態勢。

但這並不是在說，只要依照對方所期待的去做就好了。給予對方想要的之後，再埋伏等待，因為「撲火的飛蛾」會自投羅網，在此刻就要發動攻擊。

為團隊創造高昂的士氣

29

善戰者，求之於勢，不責於人。

【譯文】
善於作戰的將領，會運用戰爭中的氣勢來求取勝利，而不是依賴士卒個人的力量。

即使是人數少的團隊，在行動時應該重視的，就是創造出高昂的士氣。這時，不需要去講究各個成員的能力高低。

其中一個重點是，對於能力較低的隊員，不可以責怪他說：「都是他不好」、「都是因為這傢伙的關係」而加以究責。

為了讓團隊工作能夠順利進行而歸咎他人，是無濟於事的。

要是有怪罪別人的閒工夫，就應該將力氣投注在讓團隊全體的士氣更高昂上。

將稍有一點成就的成功累積起來，就會產生氣勢。以業務而言，銷售好的話，氣勢就會出來，就像圓石滾落至萬丈深谷般的氣勢（圓石之計）。

若是其他成員銷售成績好的話，也會激勵能力較低的人，讓他有如下的想法：「好吧！我也非努力不可。」「我認為我也可以賣得好。」

藉著加強整體的氣勢，可以讓銷售成績不好的業務員，變成銷售成績好的業務員。

還有一個重點是，不可以過分依賴有能力者的專業能力。

團隊中若是有精明能幹的成員，自然會輕易地給予他們：「都是由於他的功勞」、「都是由於她的努力」這樣的評價，然後可能會「將之後的工作都交給他們去做」。

剛開始，情況可能還不錯。他因為被稱讚，覺得這件事值得由自己去做，並且由於被期待著，所以會更加努力地做。

但是，當他做出成果，擔任要職之後，在公司內部的發言權也變大了，最後會開始說出：「這家公司是我在支撐著。」「如果沒有我的話，這家公司就不行了。」這類的話。這是傲慢的開始。搞不好他還可能會辭職，把屬下和客戶都帶走。

這是過於依賴此人的領導者的責任。因為他沒有去思考：當此人在的時候，應該要怎麼做，才能確保萬一此人不在時也不會造成任何影響。

當然，沒有比擁有優秀隊員更好的事了。雖然有能幹的隊員存在，會有很大的幫助，但是也不可以就此放心，必須要未雨綢繆，先有所準備不可。

無論如何，太過注重每位成員能力的高低，並不是好事。而是應該優先思考如何營造團隊整體的士氣，如何增加氣勢。

第6章

不要東做西做，要集中在一處上

虛實篇

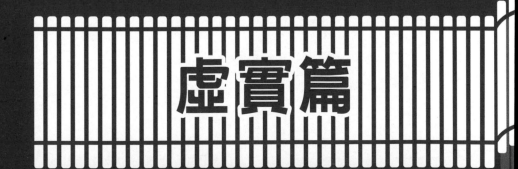

30

提早五分鐘行動，讓自己有充裕的時間

凡先處戰地而待敵者佚，後處戰地而趨戰者勞。故善戰者，致人而不致於人也。

【譯文】

先到達戰場等待敵軍前來的軍隊，就能夠安逸從容地應戰；較晚才到達戰場、沒有喘息時間就倉促應戰的軍隊，就會被迫苦戰。

因此，善於作戰者，會隨自己的意思調動敵人，絕對不會讓自己被敵人隨心所欲地調動。

要是提早行動，就能有好幾個選項可以選擇，但如果時間緊迫，就會被迫只剩下一個方法。

想要在預定的時間之前到達目的地，原本可以選擇搭飛機、新幹線或特急電車，但如果時間快要來不及時，就有可能變成「只能搭新幹線了」。

更糟糕的是，有些人已經習慣在時間快來不及時才行動。他們經常認為：「反正船到橋頭自然直，沒有什麼關係吧。」

的確，事情總是會解決的也說不定，然而，像是在深夜已經沒有計程車從車站出發、走路要走三十分鐘等，會有造成許多徒勞無益之事的危險性。

想要有充裕的時間，就要提早五分鐘行動。這好像是在小學時所學的事，不過，一旦養成到最後一刻才行動的習慣，就會變成必須犧牲時間、交通費或工作的效率等。

去談生意時，提早五分鐘抵達對方大樓的接待櫃檯。在炎夏季節，不要渾身是汗的去找客戶；早一點到，把汗擦乾了之後再跟對方見面，會比較好。

進行工作的方式也是一樣。提早處理，提早準備，提早待命的話，會比較有利。

若要按照自己所想的去做工作，**就要提前先做好準備**。要是被追到火燒眉毛時才去做，能夠選擇的就會越來越少。儘管非自己的本意，工作也會變成「不得不這麼去做」。

為了不要讓主導權被對方掌控，讓自己具有領導優勢，有充裕的時間是很重要的。

31 想辦法掌控對方，然後趁虛而入

能使敵人自至者，利之也。
能使敵人不得至者，害之也。

【譯文】
能夠按照己方預設般地調動敵軍，是因為以對敵人有利的事來引誘的結果。能使敵軍無法如願地行動，是因為設法讓敵人認為一旦行動的話會有害，而使之無法行動的結果。

我們常說，過去和他人是無法改變的。但是孫子說，雖然在戰爭中不能達到自由自在的程度，可是至少能夠做到掌控敵人。

這是因為有活用對敵人而言的「利」與「害」。最重要的是，正確地解讀對方的想法和狀況。

對方在想什麼呢？會如何下判斷呢？現在最想要什麼？最厭惡被如何對待呢？要是不瞭解對方的情況，不知道客戶的事情是理所當然的。從此處開始，更進一步地收集情報、預測對方會怎麼做，然後搶在對方之前先發制人。

提供對方想要的東西，對方會欣喜地靠近吧！

反之，為了不讓對方來到「不希望對方來」的地方，就要事先準備好對對方而言的「害」。

當然，為了要獲勝，就要掌控對方。因此，若是在做好預測之後搶先行動的話，就可以利用對方沒預料到的地方或方法，一口氣進攻。

這就是「趁虛而入」。

掌控對方行動的目的，就是為了這個「趁虛而入」。「虛」是無論如何等待都不會產生的。要藉由**自己搶先行動**，來製造對方的「虛」。

32

做別人不做的事

行千里而不勞者，行於無人之地也。攻而必取者，攻其所不守也。守而必固者，守其所不攻也

【譯文】

遠征千里這麼長的距離也不會太疲憊，是因為行進在沒有敵軍的地方。進攻的話就必定能夠取勝，是因為攻打敵人沒有防禦的地方。防守之際必定穩固，是因為守住敵人不會進攻的地方。

行走在沒有敵人的地方，很輕鬆。這是指要去創造獨特的領域。只有在自己擅長的獨特領域上，才沒有敵人。如此一來，就宛如進攻對方沒有防守的地方，守住對方不會進攻的地方般，可以從旁冷靜地觀察吧！

也就是說，**要去做別人不做的事**。因為沒有別人在，不但輕鬆，進攻的話也一定能夠獲勝。在沒有特別注意時，不會有任何對手攻打過來，因此防禦上完全沒有問題。也就是說，要去發掘可以不戰而勝的領域。

原本就應該要往沒有敵人的地方前進。也就是要瞄準可以完全獨霸，或是敵人很少的小市場。

身材高大、運動神經還不錯的男高中生，若是「無論如何都想要參加全國高中綜合運動大會」的話，就不要選擇足球或棒球那些競爭激烈的人氣競賽，而應選擇參賽人數較少的競賽，例如在游泳社團中選擇水上芭蕾。

若是所在縣市的男子水上芭蕾選手的人數很少，就容易在預賽中勝出。說得更極端一點，若是縣內的選手只有三位的話，什麼都不用做就可以得到第三名。

這是不要輸的作戰方式。在競爭少的領域內作戰的話，即使沒有取得勝利，也能夠參加全國高中綜合運動大會。

為了做別人不做的事，就必須要知道大家都聚集在何處。很熱門的、大家都會去的競賽，就要避開。

這樣一來，就沒有人會攻打過來。「咦！我已經變成全縣代表了。」也許這很難稱得上是獲勝，但是卻「沒有輸」。

33

不要東做西做，要集中在一處上

我專為一，敵分為十，是以十攻其一也。

【譯文】
我軍將兵力集中在一處，而敵軍若被分散成十隊的話，我軍就等於擁有比敵軍多十倍的兵力可以去進攻。

孫子說，若是原本的兵力相同，但是將敵人分散成十個部隊的話，對方的兵力就只剩下十分之一。此時，如果我軍不分散而維持群聚一體的狀態來作戰，因為兵力是對方的十倍，當然就能夠獲勝。

孫子原本闡述的是，如果對方比我軍還要強大時，不可以去作戰。不過，他在此處說，即使己方人數少，敵方人數多，也可以靠一些方法獲勝。

不要和強大的敵人作戰。要做到不戰而勝。如果一直想要閃避，弱小的軍隊就永遠無法獲得勝利。

不過，即使敵軍稍微比己方強大，靠一些方法也能夠打勝戰。

重要的是，不要到處擴展作戰區域，**要集中在一處**。也就是要聚焦。

對手有了新產品，想要拓展領域時，就是對手分散兵力的時候。

此時，並非急於「我們也不能輸」而去追隨，反而更要鎖定領域，集中火力在擅長的範疇上。

特別是當對方的力量很強大時，一旦對方將事業擴大，就是一個可乘之機。因為對手的力量被分散了。

這時，就更應該站穩在自己所擅長的領域上，集中火力；或是更加鎖定領域。如此一來，即使對方是再怎麼強大的對手，我們在這個領域上還是能夠獲勝。

好不容易成為全國高中綜合運動大會水上芭蕾的縣代表，不能夠因此得意忘形，認為自己「也可以來嘗試個人混合式比賽看看」。

不要在男子個人混合式比賽中，與更多新敵人作戰。要是你沒有集中火力在水上芭蕾上不斷地練習的話，當有新成員加入男子水上芭蕾時，你就有可能無法參加全國高中綜合運動大會了。

因為有鎖定的領域，所以能夠獲勝。這點請千萬不要忘記。

34 放眼二十年後，從今天開始聚沙成塔

知戰之地，知戰之日，則可千里而會戰。

【譯文】
若預知作戰的地點，也預知作戰開始的時期（時間）的話，假使戰地遠在千里之外，也能夠握有主導權而前去交戰。

孫子說，如果事先預知作戰的場所和作戰之日的話，即使戰場遙遠，因為有做好充分的準備，前去交戰也無妨。

讓我們試著將這個「千里」思考成「時間」。例如，放眼二十年後，並從現在開始準備。

現在，你有一個無法立即戰勝的對手，是實力相差非常懸殊，怎麼樣都無法與之匹敵的對手。

但是，二十年後會如何呢？如果對方還是維持現有狀態的話，你就有超越他的可能性。因為你具有作戰的想像，能夠先做好準備。

因此，要著手規畫長期的願景。商場上，企業在三十年後就會進行世代交替，因此計畫有可能生變。所以，二十年是較為恰當的時間。

自己在二十年後想要變成什麼樣子呢？想要學習到什麼呢？想要追趕上誰呢？要去想像這些項目。

例如，你對阿德勒（Alfred Adler）心理學很有興趣。現今在這個世界上，有很多阿德勒心理學的專家，現在的你是無法勝過他們的。

但是，從今天開始，若是你每天用功學習，並在部落格寫一些有關阿德勒心理學的文章，也許二十年後，你就會變成這個領域中數一數二的人。

如果說，現在有一位專家是六十歲，二十年後就是八十歲，差不多要退休的時期了。那麼，你能夠取代他的可能性就很高。

只是，要確實先鎖定好作戰領域，這是很重要的。因為有限定在阿德勒心理學上，所以有可能獲勝。若是想說：「索性連佛洛伊德（Sigmund Freud）也一起做吧。」如此將力量分散的話，就會在原本想戰的領域上也無法戰了。

將自己想戰的領域具體地明確化，若是決定二十年後還要戰的話，作戰的主導權就變成是由你來掌握。如此一來，你就會有壓倒性的優勢。

若是每天寫部落格，十年、二十年後，別人就會認可「這傢伙真的有本事」。如果只是偶爾寫個兩篇，是沒有人會理睬的。部落格的好處是，從二十年前就開始寫的這個事實，會留存下來。

當然，不是寫部落格也無妨。無論是選擇哪一個領域，面對二十年後的戰爭，從今天開始就養成聚沙成塔的習慣。

雖然路途遙遠，但只要去做的話，一定能夠做得到。

35

分析失敗原因，前往現場，推敲對方的判斷基準

故策之而知得失之計，作之而知動靜之理，形之而知死生之地，角之而知有餘不足之處。

【譯文】

看穿敵人的意圖，以得知敵人的利害及得失；挑動敵人，以獲知其行動基準；掌握敵軍的態勢，來弄清其強弱（劃分生死之地）；試著與敵軍接觸（前哨戰），來瞭解其優劣之處。

我們常說「要掌握客戶的需求」。但是，分析了什麼是暢銷商品之後所獲知的客戶需求，是事後才附加的資訊。這就如同監視敵人的動向，察覺到敵人有行動之後再去做應對。這樣的話，就太遲了。因為已經晚了一步。

「客戶的需求」要在事前先預測不可。若是能夠**知道客戶的判斷基準**，就可以先下手準備好，然後伺機而動。

市場在何時追求何種產品？對象是男性還是女性？年齡層如何？這些顧客會不會買等的判斷基準，要徹底地預測。

有一個很多人都容易忽略的重點，那就是：「為什麼這位顧客在這一天不買這項商品呢？」有關沒有購買的行為之數據，並不會顯示在銷售點情報管理系統（Point of sale system, POS）等上面。

另外，業務員的工作日報表也一樣，會將接到訂單的經過詳細寫出來，卻不會寫失去訂單的原委。

實際上，失去訂單時，才是瞭解客戶判斷基準的機會。只專注在買或不買，當客戶有購買就說「謝謝」，沒有購買時只自認「什麼呀！真是傷腦筋」就結束的話，就好比把數據扔掉了一半那樣。

失去訂單時，才更應該要試著去探詢顧客不購買的理由。或者試著去預測，然後共享情報。也就是要思考客戶為什麼不購買。

還有一個重點，就是要經常到現場看，也就是孫子所謂的「前哨戰」。所謂的前哨戰，就是指與顧客直接接觸。例如，親自到零售店的現場，用自己的眼睛看賣場，聽聽零售業者的意見。

當自家商品的銷售不佳時，其他公司的何種商品銷售較好呢？顧客在店內是如何移動的呢？會同時購買什麼商品呢？

或是，只在販售新商品的限定店內，試驗性地販售看看也可以。觀察這裡的顧客反應，修正銷售方式，若是確信「這樣可行」的話，再擴展至全國。

對手重視的是哪一部分？會在何時行動？要去瞭解對手的判斷基準。

瞭解這些之後，就能夠先下手為強，「在這樣的日子，在這裡放置這項商品的話，顧客就會購買吧。」如此一來，在對方想要的時候，我們就能夠雙手奉上。

36

自在運用各種作戰方式，不斷改變

形兵之極，至於無形。
無形，則深間不能窺，智者不能謀。

【譯文】

最理想的軍形之極致，就是變成無形。

若是沒有固定的形，完全看不出意圖的無形的話，即使是深藏的間諜，也無法窺探己方的行動；具有優越智謀的人，也無法探明己方的意圖。

孫子所謂的「無形」，指的是不要老是使用相同的作戰方式，而是要讓敵方和己方都「不知道這傢伙會怎麼行動」。

如此一來，不管是否有間諜，或是敵方有優秀的策士，都無法窺測你的作戰方式。

這就是指沒有固定的形。因為是臨機應變，以各式各樣的作戰方式來行動，所以無法去預測「這個人會這樣攻過來吧」或「這家公司會這麼做吧」。

在上一篇，我們已經說明要瞭解對方判斷基準的重要性，而相反的，若是**無法讓人窺知自己的判斷基準**，在工作上就不會輸。

這也可以思考成「要經常不斷地改變」。雖然這一次成功了，並不表示用同樣的方法，下一次也能夠成功。貨幣是升值或貶值？景氣是好或不好？或是有新的技術出現，都要因應環境，變幻自如地改變作戰方式。

在錄音帶、CD、MD的時代，索尼公司以「Walkman」這一品牌席捲全世界。創造出音樂帶著走的新生活型態。

但是，當MP3這種數位音樂出現時，索尼公司卻不能夠跟上變化。

趁此機會一口氣攻占市場的是蘋果公司。iPod瞬間取代了Walkman。因為蘋果公司提供的不只是單純的音樂播放器而已。

這是因為索尼公司無法捨棄Walkman這項過去的成功經驗，和所謂的索尼派自我作法所導致的吧！

太過拘泥在一個常形上的話，就會被對手看穿內心的想法。要經常靈敏地掌握環境的變化，擁有捨棄成功經驗的勇氣，不斷地改變。

如水一般合乎常理地自然變化

37

夫兵形象水。

【譯文】
軍隊的形態，能夠比喻成像水那般。

孫子說，經常變化，沒有固定之形的「無形」，應該要像水一般。

隨著容器的不同而改變形狀，自然地由高處往低處流動。也就是要巧妙地適應對方，不勉強地、自然地、合乎常理地改變形狀。

並非只要改變作戰方式就好了。而是虛心接受「要順應環境來變化」的這件事。

雖然水是合理且自然地流動，卻擁有強大的力量。有水勢的話，就可以讓石頭漂流，也可以讓東西變得乾淨。除了可以讓生物潤喉外，就如同「滴水穿石」這句諺語，經年累月不間斷的話，也會打穿堅硬的石頭。

「上善如水」這句話，因為是日本清酒的品牌名稱而廣為人知，但它最早是出自老子所言。

老子的意思是，「最理想的是像水一般地活下去。」而孫子也常常將戰爭比喻成水。他說：「要像水一般地作戰。」

淤積不流動的水會腐臭，因此要特別注意。

第7章

臨機應變地行動，先下手為強

軍爭篇

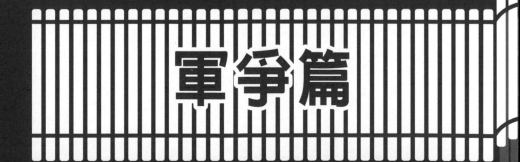

38 確信真正的最終目標，將遠路變成捷徑

軍爭之難者，以迂為直，以患為利。

【譯文】
「軍爭」的困難之處，在於要將迂迴遙遠之路變成近直的捷徑，將令人擔憂之事化成有利的條件。

所謂的「軍爭」，就是比敵人先到達戰場，採取先發制人的策略。雖然這是相當困難的事，不過如果能夠做到，讓己方具有優勢的話，就不會輸。

孫子教我們的是「迂直之計」。佯裝是迂迴繞遠路，實際上卻已經搶先到達。或者是，

雖然比較晚出發，卻可以先到達的這種「將遠路變成捷徑」的戰術。

這裡所說的「將遠路變成捷徑」是怎麼一回事呢？我們試著將其置換到現代的工作來思考看看。所謂的戰場就是最終目標。

假設你是一名業務員。有一天，經營團隊說：「希望在這半年內，能夠比當初的計畫多賣出一億日圓。」

經理及課長接到這項指令後，訂出「十位業務員，每人要多接十件一百萬日圓的案子」的作戰計畫，並對屬下做出指示。辦公室的牆壁上也貼了布告，將接單數量的業績達成度圖表化。

但是你感到不安，想到「要讓自己的客戶比平常多下十件訂單是很困難的」，於是你試著改變觀點。

雖然經理是要求一百萬日圓乘以十件，但若想成一千萬日圓乘以一件的話，也可以吧！公司所要求的應該不是訂單數量，而是訂單的金額。

在自己的潛在客戶當中，有能夠獲得大筆金額訂單的機會，因此在其他人忙著爭取十件訂單時，自己只要以取得一件一千萬日圓的訂單為目標，應該就可以了。

於是，為了這一千萬日圓的訂單，你開始細心準備。對方所在的是怎麼樣的環境？最好的時機會在這半年內到來嗎？對方的關鍵人物是誰？若要去跟那個人談的話，應該怎麼做才好呢？

在其他人為了增加訂單件數，從早到晚不停的奔波時，你獨自一人留在辦公室，制定縝密的計畫。

看見這一幕的課長，生氣地說：「你在做什麼！怎麼不出去跑業務！」但是，你還是努力地做準備。旁人只看到你似乎是在繞遠路。

三個月後，牆壁上的圖表中，其他人的訂單件數增加了三、四件，不過你還是停留在零件。雖然你很不安，但即使現在要開始改變作戰計畫，也無法達到所規定的件數。你相信自己所設定的最終目標，一步一步地進行準備。

到了第六個月，你終於成功拿到了大筆金額的訂單，而且是比預期中還要大筆的生意，有一千五百萬日圓。

半年的期限到了，其他人有的拿到八件，有的十件，還有人拿到最多的十二件，每人各自都有成果展現出來。而你只有一件。

但是，成功獲得最高件數的人的訂單金額是一百萬日圓乘以十二件，即一千兩百萬日圓。以金額而言，還是你比較高。

結果，你獲得了社長獎。遠路變成了捷徑。

你之所以會成功，是**因為掌握了對最終目標的想像**。當所有人都拘泥在一百萬日圓乘以十件時，改變一下想法的話就會成功。因為你瞭解公司真正要求的東西，並思考真正的最終目標在哪裡，所以即使用不同的方法，也能夠達到目標。

這就是「迂直之計」，看起來好像是比較晚才出發，卻能夠最快到達終點。如果具有長期的戰略及願景的話，短期內的快速或延遲，並不是太大的問題。

39

要知道捷徑也會伴隨危險

軍爭為利，軍爭為危。
舉軍而爭利，則不及。
委軍而爭利，則輜重捐。

【譯文】

軍爭若是進行順利，則有利，但若是一個不小心，則會帶來危險。

若是以全部的軍隊去爭利而行動的話，會因為組織太過龐大，使得行動變遲緩，而落在敵人之後。

但是，若因此不以全部軍隊去爭利的話，行動較緩慢的輜重後勤部隊就會被捨棄，則兵站就無法確保。

孫子一而再、再而三地說，「軍爭」是很困難的事。「輜重」是指載運行李的車輛。「兵站」是指位於戰場後方，進行軍需品、糧食和馬匹等的供給或補充之物流後勤。

以前一篇所舉的業務員例子來說明吧！

假使，其他人認為你所採取的「一千萬日圓乘以一件」這項作戰計畫「很不錯」，而全體起而仿傚的話，會變得如何呢？

可能的情況是，和你一樣出乎意料拿到一千五百萬日圓訂單的人，總共有五人，但剩下的五人來不及在期限前做到，訂單金額是零。

這原本就是屬於碰運氣的作戰。最後總計只有七千五百萬日圓的訂單，沒有達到目標。

若是全體想要一起走捷徑的話，就會伴隨著這種危險。

另一方面，若只有你一人要實行「迂直之計」，也有可能會破壞團隊合作。

其他人老實地實行直屬上司所想的作戰計畫，而你卻是「違背上司命令的職員」。這樣的你，如果得到社長獎的話，有人會認為「做不下去了啦！」也不足為奇。

還有，對經理及課長而言，也許會被別人說：「你們所訂的作戰計畫是錯誤的。」

這絕對不是在說，為了要以捷徑到達目標，就可以不按照上司所說的去做。若只因為將遠路變成捷徑的「迂直之計」是有效的，就隨便去做的話，有可能會產生各種弊害。

「迂直之計」是一把雙刃劍。要是善用的話，在工作上能夠不會輸，但一個不小心，也會帶來危險。要謹慎用之！

40

準備多樣專長，臨機應變地行動

其疾如風，其徐如林，侵掠如火，不動如山，難知如陰，動如雷霆。

【譯文】

應該進攻時，要如疾風吹過般敏捷；應該待命時，要如森林般靜謐；一旦要攻占時，要像燃燒的烈火般猛烈地搶奪；決定不採取行動時，要像山一般巍然屹立，絕對不動；要像陰天般將實體隱蔽起來，不將己方的情報透露給敵人；行動時要以迅雷不及掩耳之勢來機動行事。

這一篇出現了因武田信玄而廣為人知的「風林火山」。實際上，孫子說的是「風林火山陰雷」。不知道在「風林火山」之後還有這兩項的人，應該很多吧！

聽到「要配合時間及場合，徹底臨機應變地行動」這句話，我們很容易就「嗯嗯」地表示認同，但是在緊急時刻，真正能夠做到的人有多少呢？

要前進或等待？要進攻或停止？要隱蔽或行動？一定要事先做好準備及練習，讓自己在任何時候都能夠做得到。

這也可以說是要增加專長。不只是知識方面，還有磨練後能夠付諸行動的工作技術。這樣的技能，你擁有多少呢？

增加專長後，在工作上就能夠有靈活度。因為可以視情況而採取任何行動。

為此，平常就要意識到自己的行動。另外，去研究對手的行動方式，也是不錯的。

也就是說，總是單純「像風一樣迅速」是不行的。為了要取得先機，**配合當下的狀況，採取有彈性的行動，是必要的**。

41

全員都對最終目標有共識

金鼓旌旗者，所以一人之耳目也。人既專一，則勇者不得獨進，怯者不得獨退。

【譯文】

銅鉦和戰鼓、旗幟和幡等，是為了統一士兵們的耳目，使其行動一致。既然士兵們的意識都統一了，勇敢的士兵就不能夠擅自單獨前進，怯懦的士兵也不能夠擅自單獨退卻。

孫子說，在指揮調度大軍時，讓全員對目的具有共識是很重要的。至於是使用什麼方法，都無妨。不管是用海螺、狼煙，還是資訊科技，只要配合時間和地點去選擇，就可以了。

重點是要統一組織全體的意識，讓大家的目的只有一個。全員都認可、有同感、認為有魅力的「旗幟」，是必要的。

所謂公司全體的「旗幟」，就是經營理念和將來的願景。對於我們是誰、想要去做什麼、實現之後會產生怎樣的價值等，皆具有共識。

如果沒有這種「旗幟」，或假使有卻沒有共識的話，不管你如何在後面催促說：「要做這個！要做那個！」「因為是工作，請加點油！」「你有在領薪水吧！」大家也只是心不甘情不願地表面上裝作有在工作的樣子，無法誘導出其自發性且有效的行動。

必須要在目前的工作中，找出超越「為了生活而賺錢」的更多意義和價值，從中感受到樂趣及成長。

你可以把「旗幟」思考成最終目標，讓大家對於自己要往何處前進具有共識。

也有人會設定短期的小目標。「兩個月後的比稿競賽一定要贏喔！」——即使是只有兩、三個人的團隊，要讓人有所行動時，就要明確地指示目標。

你可以事先寫在大家都看得到的留言板上，也可以用紙貼在牆上，或是在開會時反覆提醒。只要是配合當下情況的各種方法都可以。

也就是說，讓團隊成員各自朝不同的方向前進是不行的。要明確地指出我們現在所追求的目標是什麼。若是有考量到「**事先明確指出目標，且讓大家都有共識**」的話，這個團隊就不會輸。

42

不依賴氣勢、骨氣和直覺，該退就退，等待時機

無邀正正之旗，無擊堂堂之陣，此治變者也。

【譯文】

不要迎擊有條不紊、整齊豎立好旗幟及幡而攻來的敵人，也不要攻擊以嚴整的陣容面臨戰場的敵人。

之所以能夠做出這種判斷，是因為將帥能夠等待對手的變化，尋求致勝的機會。

「治變」的「變」是指變化，可以思考成看清時代的潮流及狀況的變化，等待時機吧！

很遺憾地，難免會有無法戰勝的對手。這並不只是規模大小的問題。那種有絕佳的理念及目的，而且全體員工對此具有共識，團結一致的對手，也是如此。

冷靜地觀察後，不得不承認對手和己方的等級不同、格局不同時，就不要考慮勉強去競爭、戰鬥。

姑且不談將來會如何，現在先不要和這樣的對手作戰。因為即使開戰了，也無法獲勝。知道無法戰勝時，不要魯莽地作戰，暫且先撤退。自己不足的部分是什麼？對方的優越性在哪裡？謙虛地、認真地重新檢視，並且去改善，等改良、強化、研究之後，再重頭來過。然後等待下次挑戰的機會。這是不要輸的作戰方式。

也就是說，**要冷靜地看清對手與自己的相對關係**。然後等待對方變弱，或是自己變強等相對關係的變化。

最不好的是，對於完全沒有勝算的對手，把氣勢和骨氣、過去的成功經驗、直覺等擺在前面，一味地往前衝，在意面子和觀感，最後變成下不了台的狀態。

不過，有時也需要靠氣勢和骨氣來擁有堅持下去的勇氣。例如，負責開發產品的技術人員，如果在真正付出努力之前，就認為「實在無法追上對手的產品開發能力」而放棄的話，就什麼都不用說了。

但是，為了加強自己而去努力，不同於與對手作戰。在戰爭中，必須要客觀地判斷對手與自己的相對關係。

這並不是說，自己準備好了就可以發動攻擊，而是要等到自己很強、對手很弱的時候。也就是說，要等待自己與對手的關係逆轉的時機，亦即要等待「變」。

即使被指責是「懦弱」、「膽小」、「無擔當」，該退的時候還是要退。為了不要輸，就必須具有不輕率作戰的勇氣。

43 將老鼠逼到絕境，會被反咬一口

用兵之法，高陵勿向，背丘勿迎，佯北勿從，圍師遺闕，歸師勿遏。

【譯文】
用兵作戰時，不要仰攻占據高地的敵軍，不要迎戰背靠山丘的敵人。不要追擊佯裝敗退的敵軍，包圍敵軍時要留一條退路，不要阻攔要撤退回國的敵軍。

當對手站在高地上或是背靠山丘時，相對來說是處在比較有利的狀態。**當自己的處境不利時，不可以強行進攻**。暫時撤退是很重要的。

另一方面，孫子說，當自己在有利的狀態下進攻時，不要追擊敗逃的對手。完全包圍對手時，要給對方留一條退路。不要對撤退的對手窮追不捨。讓想要撤退的對手順利逃離，自己也比較不會有損傷。當取得壓倒性勝利時，通常會想要給對方致命的最後一擊。但是在那一瞬間，也會有被對方反擊的危險性。

如果不想輸，就不要為了給對方致命的最後一擊而窮追不捨，讓對方順利地逃脫，也是必要的。

這是為了要避免「窮鼠齧貓」的狀態。被貓逼到絕境的老鼠，在認為快要不行的時候，會奮不顧身地反咬貓。也就是說，會有突然變得強硬，使出異於平常力量的時候。

窮追不捨伴有風險。好不容易自己位於優勢，卻變成給了對方挽回劣勢的機會。相對的有利和不利，就會逆轉過來。

第8章

掌握變化，創造機會

九變篇

44

坦率地聽從前輩的建議

途有所不由。軍有所不擊。城有所不攻。地有所不爭。

【譯文】

在戰爭當中，有不能通過的道路，也有不能攻擊的敵人。另外，有不能攻占的城池，也有不能爭奪的土地。

孫子在這段文章之前，指出了要依照地形來用兵及布陣的重點，因此，他說：「有不能通過的道路，也有不能攻擊的敵人。」

這可以理解成「應該要遵從前人的智慧」這種主張。

不可以無視任何一個人自過去一直累積至今的經驗及知識，而是應該要從中學習。

活用他人的經驗，在有限的人生裡是非常重要的一件事。因此，我們要讀書，要涉獵古籍，也包括《孫子兵法》。

無視於職場或業界的前輩們說：「這種時候，這樣做比較好。」而認為「不，時代不同了」想要去走獨自創新道路的這種心情，我能夠理解。

但是，應該要聽的時候，還是聽一下會比較好。雖然嘗試創新的事，順利的話會獲得很大的利益，不過如果失敗的話，卻會造成時間及經費的損失。

不要只依賴自身的經驗，**要從過去的經驗及歷史中學習**。不要總是反抗，要坦率地聽從前輩的建議。這也是不要輸的工作術之一。

45

掌握基本功，才能更善於變化

將通於九變之利者，知用兵矣。將不通九變之利者，雖知地形，不能得地之利矣。治兵不知九變之術，雖知五利，不能得人之用矣。

【譯文】

充分瞭解九變（九種應變方法）效益的將帥，才真的懂得用兵的法則。儘管是將領，若無法充分理解九變的話，那麼即使知道戰場的地形，也無法活用地利。率領軍隊時，如果不懂九變的計策，那麼即使瞭解五種地利，也無法充分讓士兵發揮作用。

所謂的「九變」、「五利」，是孫子那個時代的作戰理論。因為是兩千五百年前的戰爭內容，不必詳細解說也無妨吧！

這些「九變」、「五利」，就是前一篇到的「前輩們所累積下來的知識」。也就是自己雖沒有經驗過，卻是由前人所傳授下來的理論。

在此處，我們把它解釋成「要確實掌握工作的基本功」之意。

例如，商務禮儀、敬語的使用方式、商業文書或電子郵件的書寫方式等，都是工作的基本功。

更進一步說，職場上的工作手冊內容，也是工作的基本功。雖然不是按照工作手冊去做就好，但如果連工作手冊的內容都不知道的話，就沒有改善的方法。

即使乍看之下是古老且沒有意義的習慣，實際上在深處卻可能有隱藏的目的。因此，**首先要做的是確實理解工作手冊的內容**。

另外，社會上的一般常識也必須要知道。報紙要每天閱讀，包括一般報紙及專業報紙。像是經濟學的基礎知識。若是要做生意，卻連「所謂利率上升是怎麼一回事」都不知道，就什麼都不用說了。

其他還包括閱讀知名經營者的書，或是學習與自己的工作相關的基礎知識等，都是基本卻很深奧的。經常有想要掌握住這些基本功的意識與行動，才能夠具備與對手相同的條件。

一起來掌握現代的「九變」與「五利」吧！

46 要理解好處中也有壞處

智者之慮，必雜於利害。雜於利而務可信也，雜於害而患可解也。

【譯文】

聰明的將帥在考慮及判斷事物時，一定會把利害兩面都仔細考慮到。對於有利的事，因為有將不利的方面一併考慮到，所以想要完成的事就可以如願進行。對於不利的事，因為有考慮到有利之處，因此能夠消除憂慮、突破困境。

孫子說，事物都有正與負、表與裡，因此**要經常從兩面來思考**。

即使有好處，因為留意到「應該也會有壞處」，就有可能做到想做的事。相反地，處在不利狀態時，因為考慮到「應該會有好的一面」，所以不必過度擔心，事情也會解決。

在此，我們來思考有關工作手冊的弊害。如同前一篇提到的，先仔細理解工作手冊，是很重要的事。

但是，完全依照工作手冊而做的行動中，存在著「利」與「害」互為表裡的關係。不能因為有人指示「在這個時候要這樣做」，就不假思索地盲從，應該要經常思考其中是否有相反的意思。

要進一步挖掘工作手冊的內容，同時去思考：「這麼做的話雖然會有好處，但相反的也會有弊害吧！」

不知道這是不是真的，曾經有一個笑話說，在漢堡店裡，有人點餐：「請給我十個漢堡。」結果被店員問：「請問是內用嗎？」

工作手冊或理論是有限的。在現場的理論使用方式或使用區分上，伴隨著微妙的差異。而這些尚未被手冊化。

當然，按照手冊或理論去做的這件事本身是好的。但是，「應該不可能自己一個人在店內吃十個漢堡吧」，前面的例子應該有這樣的涵意。也就是說，要考慮到這些，然後用自己的眼睛去看，並下判斷。

因為有工作手冊，所以能夠提供一致的服務，不過另一方面，卻變得只能夠說一些制式化的話。在你的周圍，是不是也有類似的事發生呢？

47

為了以防「萬一」，就要先做好準備

用兵之法，無恃其不來，恃吾有以待也。

【譯文】

用兵的法則是，不要指望「敵軍不會來犯」的這種猜測，而是要依靠我軍做好「不論敵軍何時來犯都無妨」的準備。

隨著時間的流逝，自己與對方、環境與技術都會有所變化。因此，不可以樂觀地思考而疏於準備。孫子說，我軍一定要做好「不論敵軍何時來犯都無妨」的準備。

千萬不可以覺得放心。沒有人知道有什麼樣的風險會在何時襲擊而來，因此要有**以防**

萬一的準備。

現在，人工智慧受到萬眾矚目。機器人可以做人類的工作的時代，也許在不久之後就會來到了。

如果小看這件事，認為「不會那麼快就馬上實現吧」，因而什麼都不做的話，是很糟糕的事。

聽到這樣的資訊後，去思考：「當人工智慧發展起來時，為了要生存下去，我應該要怎麼做才好呢？」先做好萬全的準備，是很重要的。

去猜測「不會來吧」而感到放心的話，是很糟糕的事。不要以為自己所在的商圈很小，所以大企業應該不會來吧、外資應該不會進來吧，而是要先準備好，不管機器人何時來、大企業或外資何時進攻過來，都不會有問題。

48 領導者有五種不可陷入的類型

將有五危。

【譯文】
將帥有五種危險的資質，這是必須要考慮到的要項。

孫子說，將帥有五種類型，會成為戰爭執行上的危害。全軍覆沒、將領被殺，一定都是因為這些原因造成的，因此務必要銘記在心，並且加以注意。

所謂的五種類型如下所述。

【必死】思慮短淺，只抱著必死決心的話，會被殺。

【必生】懦弱膽怯，只想著要求生的話，會被俘虜。

【忿速】急躁易怒、無法忍耐的話，會禁不起對手的挑撥。

【廉潔】在意面子，廉潔好名，會被侮辱而落入圈套。

【愛民】對士兵及人民太過憐惜體恤，會因為要照顧他們而煩勞。

這五種不可取的領導者類型，在現代也依然通用。

只有聲音大的氣勢和骨氣這種類型，思慮短淺的話，做起事來只會徒勞無功。

只想著自己要如何求生的自保類型，總有一天會被人算計。

急躁易怒、無法忍耐的類型，會立即被對方的言詞激怒，在當場會做出不嚴謹的判斷。

在意別人的眼光，只會說一些漂亮場面話的類型，會因為一點小事就誤以為被侮辱而失去理智。

太過度體恤身邊人的類型，會為了別人而忙不停，因而不能專注在重要的工作上。

如何呢？在你的周圍有沒有這幾種類型的上司呢？不管是兩千五百年前或是現代，人類都有著改變不大的地方。

第 9 章

增加伙伴、組織團隊並延攬人才

行軍篇

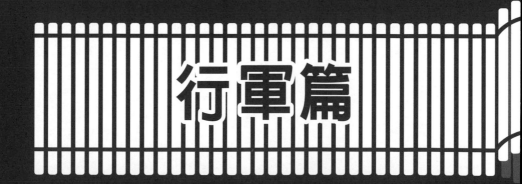

49

整備好工作環境和條件

凡軍好高而惡下，貴陽而賤陰，養生而處實。軍無百疾，是謂必勝。

【譯文】

凡是軍隊都喜歡高地，而厭惡低窪之地；以日光照射得到的場所為佳，盡量避免陰暗之處；注意士兵的健康，駐紮在水或草豐沛的地方。軍中百病不生，為必勝的駐紮法。

孫子說，在健康及環境上對士兵的關照，會建構成必勝的體制。

對於他在兩千五百年前就已經闡述了要照料士兵，讓我感到很佩服，但這不是為了要嬌寵士兵，而是為了不要輸。

若士兵的士氣高漲，但精力、體力不充足的話，即使原本能夠獲勝，也會無法取得勝利。因此，這是必要的照料。

置換到現代工作上的話，可以思考成：要整備好職場環境或自己的條件。

現今，在這個社會上，心靈生病的人一直在增加。而這應該是在職場上發生了什麼事的關係。要是生病了，無論如何也沒辦法作戰的。

經營者或上司，一定要打造出讓員工可以健康工作的環境。另外，有沒有確實接受健康檢查，或是限制工時、充分給予休假等這些規則，都必須要制定好。

當然，每個人各自的努力也是必要的。若是沒有體力的話，在緊要關頭時就沒辦法工作。自我管理，也是為了不要輸的重要工作術之一。

接著，讓我們試著將觀點稍微改變一下。

為了在人生及工作上不要輸，就要尋求伙伴，羅致人力不可。**一個人的力量是有限的，**

所以必須要有人來幫忙。

為了要讓別人來幫忙，就必須要打造出對這個人而言很好的環境。我們可以思考成要延攬其他公司的優秀人才。為了要讓這位人才加入來共同作戰，就必須要準備好適合這個人的待遇及環境。也就是說，要去好好關心照料他。

當然，對於原本就在公司的員工，因為是共同作戰的伙伴，也必須要打造彼此都方便工作的環境。

也就是說，若是想要集結更多的伙伴，首要之務就是整備好環境。也許會有先有雞或先有蛋的爭論，但是要互相關照，才能建構起一個夠好的作戰團隊。

50 看穿對方態度背後的本質

辭卑而益備者，進也。辭強而進驅者，退也。

【譯文】
敵軍的使者言辭謙卑，另一方面卻在增強軍備，這是準備要進攻。
敵軍的使者言辭強硬，卻展現進攻的氣勢，這是準備要撤退。

不論是敵人或伙伴，人們常常會隱瞞真話。這可以說是爾虞我詐吧！孫子說，不要被對手表面上的東西所迷惑，**要去領略隱藏在背後的本意**。

有的人沒有自信，卻虛張聲勢，說話態度強硬，而不多話、淡然工作的人，卻出乎意料是拚命三郎。

不要被外表矇騙，要去看穿對方的本意及本質。

因此，平常就要仔細觀察對方。他的本意應該會以某種形式，在某種時候表現出來。千萬不要忽略這些暗示。對於些微的變化，一定要能敏銳地察覺。

以我自己為例，我每天都會利用工作日報表來看公司所有員工的動向或變化。其要點是讓員工將所想的事情或感覺到的事情寫在上面。

大家都會把自己的行動或發生的事情寫上去，但是我要他們更進一步地將在現場是何種感覺、有什麼樣的想法，都寫出來。藉此，便可以掌握員工的心理或工作狀態上的細微變化及預兆。

每天都有工作的話，應該會對相關事物有所感覺。有事件發生，或是要求損害賠償等，這些不論是誰，一看就很清楚的情報，藉由工作日報表來共同分享，是理所當然的。但我想要的是前一個階段的情報。

我會請他們把「不知為何……總有不太對勁的感覺」、「對……覺得不安」、「就是有……那種感覺」等這些情報寫在日報表上。

在「……」中隱藏著重要的情報。如果擔心的話，就可以直接向本人探詢細節。詢問他：「這是怎麼一回事呢？」「是不是有什麼問題呢？」出乎意料地會得到「其實，事實上是……」這樣重要的情報或真心話。

因為我要求他們將「……」寫出來，因此能夠看得到，也可以主動詢問。要是等到有什麼事情發生的話，就太遲了。所以，感覺到預兆是很重要的。

我常對員工說：「要在現場嗅到氣氛。」只有在現場才能夠取得的情報、用電子郵件或電話無法傳達的情報、員工之間微妙的情感動態等，讓他們意識到這樣的氣氛，並且寫在工作日報上，藉由共同分享來察覺沒有表現出來的本意及本質。

51

人數少的精銳部隊也有好處

兵非貴益多也。
惟無武進，足以併力、料敵、取人而已。

【譯文】

在戰爭中，並不是士兵人數多就好。
不要過度相信兵力而冒進，先集中戰力、判明敵情再戰的話，就足以讓敵人屈服。

《孫子兵法》通篇所闡述的是：「兵力強大的話，比較有利。」因此，我們可以解讀成，這一部分是例外地在闡述人數少的精銳部隊也有好處。

但這並非指有人數就好的意思。而是說，如果只是一群「烏合之眾」的話，反而是人數少的精銳部隊來作戰，還比較好。

以人數少的精銳部隊來作戰的重點是，**不輕率地冒進**。要集中戰力、判明敵情。

試著思考看看，要去客戶那邊參加新商品簡報會議的情況。其中有一家公司像諸侯出巡般，包括社長在內有十名職員組成團隊前來。

不過，在頂多一小時的簡報時間裡，真的有需要十名人員參加嗎？當然，因為是壓倒性的人數，在顯現出幹勁方面也許有效果。有時，也可能十名人員都有其作用吧！

但是，代表公司參與簡報的重要人物社長，原本只預定要致詞而已，卻突然被追問有關商品的詳細知識及簡報的意圖，變成了與會議目的不符的對答，搞砸了這場簡報會議。

那到底為了什麼要如此大陣仗呢？

沒有仔細審視內容，只是認為「以社長為首總共十個人，所以沒有問題」，但仗著人數多，也會有行不通的時候。

因此，並不是兵力陣容龐大就是強。只依賴兵力，輕敵而疏於準備就進攻的話，是有可能會輸的。

有時，可以選擇瞭解狀況的成員，以意識一致的少數精銳部隊來作戰。這會讓你在工作上不會輸。

正因為體貼關懷，該講的話就要講

52

合之以文，齊之以武，是謂必取。

【譯文】要讓士兵們的心思一致，就必須要以關懷來對待他們，以嚴謹的紀律來整治他們。這就是所謂務必達成目標的方法。

該嚴厲時就要嚴厲，該關懷時就要關懷。孫子說，這是對領導者的訓戒，是管理屬下的要點。

如今，無法教導或斥責屬下的上司越來越多了。這些上司可能是怕被厭惡，也可能是擔心會被說是職場霸凌，但只有溫和的樣子，反而會變成被瞧不起，或是讓人覺得沒有分量的領導者。

應該要講的話就要講。孫子在這段文章之前使用到「罰」這個字，其意是「要嚴厲地教導」。

對屬下體貼關懷，與溫和親切地對待他們，是不一樣的。**正因為關懷，才要嚴厲地教導**。

屬下一定會感受得到的。各位不也是這樣嗎？剛進公司時，怕得不得了的上司或前輩，實際上是會為了自己著想的人。相反地，以為是親切溫和的人，卻出乎意料是毫無責任感的人。

依仗著「因為我是上司」這樣的頭銜，卻沒有什麼實力，也不受屬下信賴，只是傲慢地下達命令的主管，讓人很頭痛。

不過，即使爬上了高層的地位，卻仍然無法對屬下嚴厲、無法斥責屬下的上司，也讓人困擾。

對於同樣的一句話，有人會認為：「這是職場霸凌！」也有人會虛心地接受說：「我知道了。」

要成為讓屬下認為「這個人是可以信賴的」、「只要是這個人所說的話，去遵從是不會有錯的」這樣的上司。

如此一來，即使你稍微嚴厲地講出應該講的話，屬下還是會跟隨著你。

信賴關係要從日常培養

53

令素行者，與眾相得也。

【譯文】

平時就貫徹軍令、忠實遵守軍令的將領，才能夠與士兵們建立上下之間的信賴關係。

孫子指出，上下之間的信賴關係，在平時就要醞釀，若期待只在緊要關頭時產生，是無法如願的。

要去做一件事情時，即便有方針卻無法徹底執行的團隊，並不是因為這個方針難以貫徹，而是因為團隊平常就有不管說什麼在現場都不會去貫徹的習慣。

位居高層、想要讓團隊運作的人，平時就必須要留意自己那些能夠獲得周圍的人以及屬下之信賴的言行舉止。

規則或方針、理念等，平時若是沒有開口傳達出去，並且親自實踐、指導的話，是不會滲透下去的。

而且，要讓屬下看到你平常的表現時，就會認為「這個人是值得信賴的」。若是事到臨頭才突然去說，是行不通的。

在緊要的關鍵時刻，團隊合作陷入混亂而無法順利進行，這是因為平時團隊的合作狀況就不好，並不是突然有什麼問題發生。

真正的信賴關係，若沒有慢慢的經過一段時間培養，是不會產生的。突然間變得正經八百地想要掩飾，也是會被看穿的。

唯有在平時真誠地對待團隊成員，應該嚴厲時確實嚴格的領導者之下，才會有不會輸的團隊。

第⑩章

成為讓人心甘情願的領導者

地形篇

54

試著回歸到原理上

凡此六者，地之道也；將之至任，不可不察也。

【譯文】

這六項要點，是關於地形的原理。

知曉這些道理，是將軍最重要的責任與義務，不可不充分地研究思考。

在〈地形篇〉的開頭，孫子論述六種不同地形的作戰方式之原理。各種不同的地形，有其作戰的常規。知曉這些之後再作戰，與不瞭解就去作戰，會有很大的差別。

在兩千五百年前的戰爭中，地形有著重要的意義。將孫子所教導的內容應用在現代商場上，可以思考成「知曉作戰的原理，並且經常回歸到這一點上」是很重要的。

工作是有原理和常規的。不過，按照常規去做的話，不一定能夠獲得勝利，因為敵人也在學習這項常規。

但是，就因為知曉了原理，才能夠反常規而行，才能夠預測敵人的行動。

雖然我們也可以從失敗中學習，但是從過去的知識經驗中所獲得的「不失敗的常規」去學習，絕對是比較好的方式。

當覺得迷惘或是遇到瓶頸時，更應該要回歸到**工作的原理上**。只是，並不是盲信，然後一成不變地實行。沒有公司是按照常規去做而賺錢的。

這並不是說，不用知曉常規也無所謂。因為不論是何種奇計或是新的商業模式，都是知曉了工作的原理後才產生的。

有賺錢的公司之社長，絕大多數對細節部分都不草率。

例如，有的社長會自己帶頭去打掃廁所。即使沒有做到這種地步，也會順手撿起掉在辦公室裡的垃圾，或是將牆壁上歪掉的公告調正，或是會對打掃辦公室的清潔人員說：「辛苦了！謝謝。」

就因為是身經百戰的社長，才會回歸到打掃的重要性。因為他知道如果環境髒亂的話，公司就會亂。

這正是原理。在現場的最前線工作時，出乎意料地會經常忘記這些原理，變得不會將其放在心上。

經常回歸到原理上。這是不會輸的工作術。

55

虛心接受周遭的批評，並進行改善

兵有走者，有弛者，有陷者，有崩者，有亂者，有北者。凡此六者，非天之災，將之過也。

【譯文】

試著來看看軍隊的狀況，會有逃亡、廢弛、士氣低落、崩壞、混亂、敗北的情況。這六種敗因，並非是天災或災難，而是將軍的過失，是人禍。

孫子說，在戰爭中戰敗一方的軍隊，會有規律及風紀敗壞、道德倫理低下的情況產生。

他指出，有陣前逃亡者、廢弛者、士氣低落者、癱軟者、慌亂者、戰敗逃跑者，但這些並不是因為天災，而是因將軍的過失所造成的人禍。

在不論發生什麼事就會歸咎於老天、神佛、災難或惡魔的時代，孫子明確地斷言不可以用這些理由來搪塞。

在此，我們試著站在孫子指出「是人禍」的將軍之立場，來思考看看吧！

使團隊陷入敗仗的責任，不是別人，就是領導者自己。「這些傢伙竟然給我逃跑了！」「都是因為他們散漫不爭氣，才做不成的。」像這樣將過錯歸咎於團隊的其他成員上，實在是搞錯了對象。

還有，自己的工作領導者就是你自己，如此思考的話，若是你在工作上失敗，就是你自己本身的責任。既不能責怪同伴，也不可以怪罪上司。

並且，評價是由周遭人給的。不管怎麼強調「我已經盡力了」，且事實上也確實如此，但如果周遭人看了之後說「是你有過失」的話，你就必須要接受。「評價由他人」。不過，也有人會因為自我評價不佳而嘔氣，要小心注意。

給予評價的人，並不限於上司。

對自己的評價是來自三百六十度、全方位的。

若是自己被評價為「不佳」的話，就要接受，並且**改善自己的問題點**，除此之外，別無他法。

56

珍惜會對自己提出忠告的人

戰道必勝，主曰無戰，必戰可也。
戰道不勝，主曰必戰，無戰可也。
故進不求名，退不避罪，唯民是保，而利合於主，國之寶也。

【譯文】

依照戰爭的道理，若是我軍有充分的勝算，即使君主說不能作戰，去戰也是可以的。相反地，當我軍無獲勝的可能性時，即使君主下令要進攻，不要勉強地去戰，也可以。因此，進軍時不是因為要追求功名而行動，撤退時也不迴避罪責，一心只以人民的性命為重，並且採取符合君主利益的行動之將帥，可說是國家的珍寶。

確認孫子的用語，其中有君主和將帥。君主是國王，以公司而言，就是社長。將帥是現場的負責人，就像是經理。

即使社長說：「不可以往右走。」但是十分瞭解現場狀況的經理判斷認為「不，往右沒有錯」的話，就要勇於往右走。但也有相反的情況。

當社長說「要那樣做，要這樣做」時，有人什麼都不去思考，只說「好的，我知道了」就去執行，也有人會去做與命令不同的事。

只是這並不是違抗，而是去思考何者才是有利於公司，若判斷是「不對」的話，即使是社長的命令，也要往自認為正確的道路走。

在這種情況下，他不是為了追求自己的功名，也有接受罰責的覺悟，若是有這種替屬下著想，且能夠判斷最終結果是為了全公司好的中階主管存在的話，那真是公司的珍寶。

讓我們站在國王的立場來思考這段話。不論你是什麼樣的領導者，周遭絕不可以都是唯命是從的人。

必須要珍惜會對你的想法提出忠告的人。雖然你通常會因此發怒。「不，我認為這樣是不對的。」「不是往左，我認為應該要往右。」一旦被這樣反駁之後，會覺得自己被否定，產生「別說大話」、「你算老幾呀」、「嘴巴閉起來聽話就好」這種情緒。

但是，要去接受對方是為了整體的利益，或是為了不要輸而提出的建言，就必須好好地傾聽別人說的話，要有度量去承認「自己是錯誤的，對方是正確的」。

比起不管什麼都說「是」而去執行的成員，**在必要時會超脫立場說「不」的成員，才是真正的珍寶**。

很多員工認為，如果反抗上司的話，之後不知道會遭遇什麼樣的事。因此，雖然上司所做的判斷或預測明顯是錯誤的，自己也覺得這是不對的，卻硬是忍住而服從上司。

對於不照自己所說的話去做，會頂撞且說出「不！那樣不對」的人，上司應該要珍惜，要組成一個什麼都能夠互相討論的團隊。

這個人並不是為了自己而去提出意見。是為了團隊的成功，更是為了公司，即使對象是上司，也要提出「這樣不對」的建言。

或許他所提的建言可能沒抓住重點。但是，如果真的是為了團隊或公司而提出來的話，這樣的人才是珍寶。

周遭都是一些對於自己所說的話唯命是從的應聲蟲，是很危險的。身為領導者，要珍惜會為了大局而思考應該要怎麼做的屬下，這才是孫子說的「國家的珍寶」。

57

關心同伴，該責備時責備，應稱讚時稱讚

視卒如嬰兒，故可與之赴深谿。視卒如愛子，故可與之俱死。

【譯文】

將帥看待士兵們的眼神，就像對待嬰兒般地充滿慈愛，因此，在危急時才能夠率領士兵們共赴危險的深谷。

將帥看待士兵們的眼神，就像對待自己的兒子般，因此，士兵們才能夠與將帥抱著共死的覺悟面對戰事。

孫子說，領導者對屬下要慈愛，就像照護自己的孩子一般。在這段之後接著寫道：「厚而不能使，愛而不能令，亂而不能治，譬若驕子，不可用也。」（細心照顧卻無法順己意地

指使他，只是愛護卻無法使他執行命令，違亂軍紀卻無法懲治他的話，就如同驕縱的子女般，是沒有用的。）

意思是說，這與溺愛是不同的。絕對不是單純的博愛主義。他所想要表達的並不是單純的「要重視屬下」，不可以誤解成是「疼愛」的意思。

無法責罵屬下的領導者已越來越多。要像愛自己的子女那般區分責備與稱讚，真心為團隊成員考量，為了培育他們而傾注關愛，也變得越來越困難了。

若只是對屬下體貼，領導者馬上就會被屬下爬到頭頂上。還有一些是完全漠不關心的領導者，即使覺得「這樣不好」也不說，因為不想多嘴惹人討厭，於是選擇了沉默。

也許在兩千五百年前，孫子生活的那個時代，也有害怕被屬下討厭的領導者吧！和現代沒有什麼不同呢！

要重視同伴。經常去關心，但不只是溺愛，在偶爾嚴厲教導的同時，若對方表現良好，也要強力稱讚。這才是真正的關愛。

「稱讚對方而讓對方更好」，是一種自我保護。這只是不想要惹人討厭而已。但一直叨唸的話，又會讓人敬而遠之。

在親子關係上也是如此。父母不管教的話，還有誰會管呢？至於那些完全都不關心的，就更別提了。要經常用愛對子女表示關心，確實地責罵，確實地稱讚。這就是教育。

「總是在關心著我」、「雖然常被罵，自己卻因此而成長」——屬下有這種感受的團隊，工作成效是很強的。

不論是何種困難，都可以共同面對。因為感受到「這個人器重自己」，所以部下才能夠一起與你並肩作戰。

58 瞭解「天」，瞭解「地」，運用「人」

知彼知已，勝，乃不殆。知天知地，勝，乃可全。

【譯文】

瞭解敵人的狀況及動向，也掌握我軍的實際動態，才能有勝利的把握。再加上瞭解地理及地形、土地的風土等影響，也瞭解天界的運行及氣候條件對軍事的影響，就能夠大獲全勝了。

前半段的「知彼知已，勝，乃不殆。」這一部分，與〈謀攻篇〉最後一項是相同的意思（請參照本書第六六頁）。

孫子說，若是再加上瞭解「天」、「地」的話，就一定能夠獲勝。

所謂的「天」，是指時代潮流、趨勢，以及形勢、環境的變化。所謂的「地」，是指對手、競爭位置。也就是要全面掌握住「天、地、人」。

天與地與人，雖然人們對於其優先順序的議論有所分歧，不過我認為應該要以觀察時代潮流的「天」，思考競爭位置的「地」，然後是公司內部的「人」，這樣的順序來思考。

「人」當然很重要，雖然說要有「人」才會有企業，但是為了要有效利用「人」，就必須要瞭解「天」和「地」不可。

實際上，在越小的公司中，以「人、人、人」為順序的領導者就越多。

珍惜人才當然是一件好事，但是太過依賴員工個人的各自努力，也不是一件好事。瞭解「天」與「地」，並且知道「人」之重要性的領導者，就不會只是單純地縱容團隊的成員。

嚴厲地說該說的話，去責罵，然後去稱讚。在能夠掌控戰爭的整體情況，做出正確決策的領導者之下，「人」就會聚集而來，進而發揮出超越原本實力的表現。這樣的團隊，是不會輸的。

第11章

在絕境中磨練決心

九地篇

59 因應時間、場合與環境，靈活變化作戰方式

地形者，兵之助。故用兵之法，有散地，有輕地，有爭地，有交地，有衢地，有重地，有泛地，有圍地，有死地。

【譯文】

地形（本國與敵國的位置關係）是在用兵判斷時應該要參考的。其中有：散地、輕地、爭地、交地、衢地、重地、泛地、圍地、死地。

有關「散地、輕地、爭地、交地、衢地、重地、泛地、圍地、死地」的意思，因為是兩千五百年前的戰爭話題，不用理解也無妨吧！

總而言之，是指在戰爭中會有各種環境，**若是環境有所改變的話，作戰方式也要改變**。因此，孫子說，不論處在什麼樣的環境中，首先都要接受這樣的環境，然後掌握其特徵，再靈活地改變作戰方式。

所謂環境的變化，也可以思考為：隨著時代的改變，趨勢或技術會有所變化，也會有場所的變化。

例如，要從東京到大阪發展的話，因為大阪有大阪的環境，所以不論有多少成功的經驗，東京風格也許並不通用。

如果是這樣的話，就要勇於捨棄東京風格，轉換成適合大阪的戰略，如此一來，才會有獲勝的機會。若是要到海外發展的話，又要有不同的戰略吧！

因此，要經常改變作戰方式。若是環境改變了，卻仍使用相同的方法，是行不通的。要因應時間與場合，還有環境，靈活地改變運作方式。同時，積極活用現在所擁有的條件。

60

拆除內部的牆，組成溝通順暢的團隊

所謂古之善用兵者，能使敵人前後不相及，眾寡不相恃，貴賤不相救，上下不相扶。卒離而不集，兵合而不齊。

【譯文】

自古以來，善於作戰者，會切斷敵人前鋒及後衛的聯繫，讓大部隊與小部隊無法相互合作，使身分尊貴者與低階者無法互相支援，促使上級長官與屬下間無法互相幫助。敵兵分散的話，要使之無法集結，即使敵軍集合起來，也要讓隊伍無法整齊，使其無法有利地進行戰鬥。

孫子闡述自古以來的戰法，就是「擾亂敵軍」這個方法。

要開始進攻之前，就先讓敵軍的內部分裂，產生內訌、內部抗爭、派系、叛離、反目，試圖使其弱化。這些話語讓人立刻想像出活生生的戰爭現場。

在此，我們來思考一下，這種狀況是否有發生在自己的公司或團隊中呢？試著檢視看看己方是否讓敵人有可乘之機。

公司內各個部門之間，有沒有築著一道牆呢？中小企業裡的人數並不太多，但是各個部門、各種業務之間，是否存在著反目、不和睦或是沒有對話的情形呢？

採購部門、製造部門或開發部門，與營業部門等，雖然是同一家公司的同事，但是在業務上，有時會有相反的利害關係。財務等管理部門，與營業部門的關係也容易變得水火不容。

雖然彼此都沒有惡意，不過各自越是想要對自己的工作忠實地拚命去做的話，部門間的對立就越容易產生。

分工體制原本是為了提高整體效率，結果反而變成徒勞無益，造成效率低落，因此必須要注意。

不可以畏懼部門之間的爭論或難免出現的一些衝突。若是壓抑不滿或要求，就會延誤對問題的解決，因此讓敵人有了可乘之機。

另外，是否有人數多的職務或部門要威風，而人數少的部門覺得沒有面子的情況呢？人數一多，講話就會變得大聲，也會有不管什麼事都會被優先處理的情況產生，因此要特別注意。千萬不可以像小孩子那樣，什麼事都採用多數決來做決定。

特別是在時代變化非常激烈的時候，原本的主要業務、主要事業部門的聲音還是一樣大聲，而符合時代變化所新設置、要來應對挑戰的新團隊，其聲音卻無法傳遞的話，將會是致命傷。

如果說出「還沒看到銷售金額」、「還沒有獲得利潤」、「先提高實際業績後再說吧」這些話，不但無法面對新的挑戰，也會讓公司內部產生分裂。

沒想到，**敵人就在內部**。在公司裡，如果不同部門的利害關係是相反且矛盾的話，就無法獲勝。

拆除這樣的牆，不要使其隔斷公司的內部。組織內不要讓人有可乘之機，而且全體都往同樣的方向前進，大家互相交換有建設性的意見。這樣的團隊才不會輸。

61

想要「以小制大」，就要重視速度

先奪其所愛，則聽矣。

兵之情主速。乘人之不及，由不虞之道，攻其所不戒也。

【譯文】

首先要奪取敵人所重視的東西，就能夠使其受己方擺布。

戰爭中的要訣，在於迅速行動的速度。

趁敵不備，採取意想不到的方法，攻擊敵人沒有戒備的地方。

孫子說，基本上，當敵方與己方的兵力差距太大時，小的一方不要去跟大的一方作戰。

這一部分是孫子被問及「話雖如此，但如果敵人以強大的兵力進攻過來的話，也不可能不去迎戰吧！這時該怎麼辦呢？」時，回答弱小方與強大方作戰時的戰法。

當難以戰勝的敵人攻來時，基本上就是逃。

而此處在說，雖然逃走是最好的方法，但如果逃不了的話，在只能對戰的情況下，應該怎麼辦呢？

孫子說，萬一弱小方必須要與強大方作戰的話，**首先要奪取對方最重視的東西**。除此之外，還要有速度，並且採取對方預料不到的手段，來個出其不意。

在商場上，也會有以強大企業為競爭對手的情況。

當自家公司的商圈被具有萬全的組織、豐富齊備的商品、壓倒性人為力量攻陷時，很容易就會認為沒有辦法了、無技可施了。

但是，以《孫子兵法》來思考的話，即使在這種狀態下，也是有辦法的。重點就是「速度」。

就因為大，就因為強，所以會有做不到的事。最具代表性的事就是「速度」。

越是強大的話，就越會有速度變慢的弱點產生。這有可能是由於傲慢或自大所造成的緩慢，或是因為資訊傳遞延遲或組織分裂築成一道牆所造成的。

因此，弱小的一方要以速度來決勝負。這時，勇於在對方最強的部分、擅長的領域上，試著用「速度」一決勝負吧！這就是奪取對方最重視的東西。

所謂的速度，是指決策的速度。強大的對手在決策上總是會比較慢。

如果對方的強項是商品開發的話，那麼己方就以縮短商品開發的時間及週期來決勝負。如果對方對生產能力充滿自信的話，那麼己方就以縮短交貨時間來決勝負。如果對方以數千名的業務員攻打過來的話，那麼己方就鎖定區域，以在該區域內的業務應對速度來決勝負。

另外，在敵人疏忽大意，認為「應該不會從這裡進攻吧」的地方，也就是在利基（較小且具利潤、專門性的市場）的領域上，或是以需花費時間及勞力的服務，企圖造成差異化，也是不錯的作戰計畫。

當敵人自負於自己的強大，看不起己方的行動，認為「做這種事能成什麼氣候」而輕忽的期間，己方就以速度來決勝負。

若是己方順利地做出成果的話，有可能對方也會認真地以全力來較量。如此一來，當然就不容易對付了，因此在對方真正卯足全力要做之前，就要先下手為強。

再重複說一次，最好不要和強大的對手作戰。但是，當怎麼樣都逃不了的時候，就要以比對方還快的決策速度來當作武器。

62

把自己逼到極限，擁有破釜沉舟的決心

兵士甚陷則不懼，無所往則固，深入則拘，不得已則鬥。

【譯文】

士兵一旦深陷危險的境地，就不會有所畏懼；一旦無路可走的話，就會有所覺悟；一旦深入敵境的話，就會攜手團結一致；一旦只能選擇要戰的時候，就會拚命奮戰。

在〈軍爭篇〉中，闡述的是「將老鼠逼到絕境的話，會被反咬一口，因此要注意」（見一四九頁），而此處論述的是完全相反的情況。

明白自己是在所謂「背水之戰」的情況下勇於衝向敵軍的話，就會發揮出前所未有的強大力量。這就是「火場裡的蠻力」。[1]

順帶一提，所謂的「背水之戰」並不是出自《孫子兵法》，而是司馬遷所編撰之《史記》中的〈淮陰侯列傳〉裡出現的詞彙。

其由來是，漢將韓信與趙軍作戰時，以背靠河川無法撤退的狀態來列陣，讓士兵抱著必死的覺悟來奮戰，這就是運用不利的狀況來獲取勝利的故事。不過，一般認為韓信是採用了孫子的兵法。

雖然以團隊來進行工作是很重要的，但有時也要勇於挑戰，去做必須要自己負責任的工作。

自己把自己逼到絕境，形成沒有退路的狀態，你的能力就會大大地發揮出來。

通常只有在被逼到絕境的時候，才會有「只有去做了」這種破釜沉舟的決心。因此，有時若沒有磨練自己下定決心的意志，是不會成長的。

「來吧！」改變心態，切斷退路，**以破釜沉舟的決心來工作**。如此一來，你的潛在能力就會被引發出來。

譯注

1、火場裡的蠻力：比喻被逼到絕境時所發揮出來的能力。

63

具有「休戚與共」的覺悟

投之無所往，諸劌之勇也。

【譯文】將這些抱著必死決心的士兵置於無路可退的絕境，他們就會像知名的勇士專諸或曹劌般，勇敢地作戰。

前一篇提到了「背水之戰」的重要性，而在這裡，我們來思考一下，如何讓團隊全體都有這樣的決心。

孫子說，一旦被置於沒有退路、走投無路的狀態下，不論是何種團隊都會團結一致，抱著必死的覺悟作戰。

在這樣的狀態下，就不太需要領導者的教導或指示。因為被逼到了絕境，就一定要拚命不可了。

領導者有必要視時機與場合，將團隊成員逼到這樣的狀況。

在孫子生活的時代，大部分的士兵都是不情願地被徵召的農民兵，鬥志非常低落。為了要讓這些隨時想要逃走的士兵真心作戰，就必須列出毫無退路的背水陣式，使他們擁有破釜沉舟的決心！

要讓公司的營運變好，並非靠社長一個人的力量。若只有領導階層具有危機感，是無法有任何改變的。即使經理或課長拚了命地激勵大家，但每一位員工只當成是「他人的事」的話，公司是不會有所改變的。「領導者太笨了，所以這家公司才會輸」、「因為是採取這種作法，我們部門才會失敗」——如果員工之間有這樣的對話，是不行的。

讓團隊成員的每一個人都把團隊的危機當成是「自己的事」，去思考「我們能夠做什麼」、「要靠我們的力量讓團隊再站起來」。

這就是「休戚與共」。團隊的全體成員共同具有背水之戰的危機感，共商對策，並且拚命地全力以赴。

擁有「為了讓公司更好，我們無論如何都要想盡辦法」這種決心的話，團隊成員就會在工作上拚命努力了。

不必強行地斥責、威脅或煽動。向團隊成員傳達「如果現在我們沒有盡全力，這個部門就要解散了」這樣的狀況，若成員有此自覺的話，自然意願就會提升了。

要自覺到工作是自己的，**自己的公司是自己建立的**，並且全體對這件事都要有共識。

要確信眼前的工作是我們自己的工作；工作能夠順利進行，是為了我們自己好。如此一來，自然就會拚命努力地工作了。

平常就要叮嚀「我們在同一艘船上」

64

夫吳人與越人相惡也，當其同舟而濟，遇風，其相救也如左右手。

【譯文】

敵對的吳國人與越國人，彼此是互相仇視的關係，但是當他們同乘一艘船要渡河時，若遇上風浪，也會如同人的左右手一般互相合作。

這是著名的「吳越同舟」出現的章節。

吳國與越國這兩個互為敵國的人民在同一艘船，這也可以思考成「與同業的其他公司、對手，或是異業的共同合作」，不過在此，承接前一篇的內容，我們試著思考一下，在一家公司內部應該怎麼做，才能夠具有「背水陣式」、「休戚與共」的共識。

領導者在緊急重要時刻才開始對員工說：「現在全公司務必要團結一致，共同度過危機」、「要背水一戰」、「全公司休戚與共，讓我們一起加油吧！」這些話，每一位員工的意識不會就這麼突然地提升。

領導者平常就要將「我們都是坐在同一艘船上的人」、「要過河的時候，大家一起過；船要沉的時候，大家一起沉」這些話一直掛在嘴邊。

業績好的話，年終獎金會增加，也能舉辦員工旅遊吧！所以大家共同加油吧！

相反地，如果公司的業績不好，也許會減薪，搞不好有可能會變成要裁員或削減經費，甚至公司會倒閉。到時候，全體員工都會不知所措吧！

正因為如此，部門之間不該互相敵對，上司與屬下也不應該是緊張的關係。因為大家都在同一艘船上。

不管是業績好的時候，或是業績不好的時候，都要一直叮嚀這些話。

即使不是領導者也一樣。要去思考：「當船要沉的時候，大家各自划各自的，也不是辦法。團隊的全體成員要相互提醒，攜手合作。」「現在不是與上司情緒對立的時候。」要說出：「我們不是同在一艘船上嗎？」

更進一步而言，當自己的團隊陷入某種危機時，即便是自己在公司內部的對手，也要與他聯手合作，坐上同一艘船。

若是整個業界出現問題的話，就要與其他競爭公司聯手，坐上同一艘船共同合作，以度過危機。

「我們大家都同在一艘船上」——藉由平常就不斷地叮嚀這句話，在緊急的關鍵時刻，才能夠立即以「背水陣式」、「休戚與共」來凝聚全員的力量。為了不要輸，這是非常重要的事。

65

「讓人不知道在想什麼」的領導者剛剛好

將軍之事，靜以幽，正以治。

【譯文】

身為將帥，表面上要保持冷靜，而內心的想法則是外人無法窺知般地深奧，對於每一件事都做出公正且準確的判斷，才能夠統帥軍隊。

雖然孫子一直闡述「情報共享」、「具有共識」的重要性，但是在此處，他說也有例外。有時，像是核心部分或是還不能公開的情報、重大的判斷，要做到不讓任何人察覺出來，是很重要的事。

若是領導者所思考的內容淺薄，早就被屬下先預料到：「反正他所想的也就是這樣吧！」不但會讓人覺得靠不住，屬下也不會信服。

若是經營者輕易地將自己內心所想的事，滔滔不絕地說出來，讓公司員工看透隱藏在其中的真心及本意的話，就沒有意義了。

要能夠獲取「雖然不太清楚社長在想什麼，但是我知道在一年後、兩年後，社長說的話會是正確的，因此選擇相信他是不會錯的」這樣的安心感和信賴感。

特別是長期的戰略或是大膽的點子，讓人「不知道自己在想什麼」這般地暗自籌畫，是剛剛好的。

團隊的成員只會看到自己眼前的事。相對於此，領導者就必須要預想到往後的幾步，甚至更將來的事才行。即使將未來的這幾步棋告訴團隊的成員，也因為他們只看眼前，有時也不會懂領導者在說什麼吧！另外，成員也有可能會認為現在的工作與領導者所說的話互相矛盾，因而感到混亂。

如果不說出未來幾步的戰略，也許會被大家認為「真是不懂他在想什麼」。但是，這樣也無妨，因為他們以後就會懂了。

例如，長期的戰略或策略、人事規畫等這類事項，有時並不應該公開。隨便就說出口的話，有時情報會從沒有惡意的屬下口中洩露出去。因為我們管不住別人的嘴呀！

還不能讓內外部知道的事，在將內容確認清楚之後，明確地區分這是應該共享或不應該公開的事，是非常重要的。

不要自大吹噓而樹立不必要的敵人

66

始如處女，敵人開戶，後如脫兔。

【譯文】

剛開始要像姑娘家般沉靜謹慎，等敵人一鬆懈，有機可乘之時，就要如同脫網而逃的兔子般敏捷行動。

一方面不要被敵人窺探出己方的意圖及作戰計畫，另一方面要讓對方疏忽鬆懈，一旦有可乘之機時，便全力進攻。

因此，沒有做好軍隊全體的統一管理，是不行的。同時，對情報的處理也必須要細心注意。孫子說，要做到這些，才能夠打一場足以稱為「神技」、「巧事」的精彩戰爭。

稍微有一點小成就，就好像很了不起似地吹噓，會引來嫉妒，或是被人認為是在挑釁。若因此樹立了不必要的敵人，是很無益的事。

不要得意忘形。不要多話去刺激對方。

在順遂有成時，更要謙虛，低調沉穩。

下一場戰爭已經開始了。在下一場戰爭的勝利腳本及態勢尚未整備好之前，竭盡所能地避免樹立敵人比較好。

不要讓對方察覺到自己的意圖、戰略和計畫，累積在危急時能像脫兔般機敏行動的力量，然後等待良好的時機。

並且，不要錯失對方看到謙虛的你之後而輕忽大意的機會。如果你有一些成果，卻如此低調沉穩，那麼對方就會缺乏警覺心。

例如，競爭對手可能認為：「反正你這邊也做不成，那麼這次我們就要重新如此發展了。」一不小心就會將計畫洩露出來。

這就是輕忽大意。所以要像姑娘家般沉靜，讓對方疏於防備。這時，先稱讚對手：「哇！你好厲害喔！」然後己方也立刻做好準備，在對手要發表之前，己方就搶先提出。要擁有這般的謀略才行。

平常對於自大吹噓就應該要注意。即使真的完成一件很厲害的事，稍微得意炫耀的話，聽到的人就會認為：「什麼呀！那傢伙自以為了不起。」

成功了，更要謙虛。不要誇口。不要在社群網路上發布。引來嫉妒並不會有任何好處。這是不要輸的工作術。

第⑫章

利用情報的力量，使人有所行動

用間篇

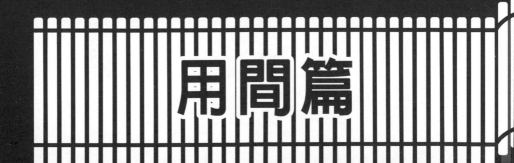

67 不要只依賴網路，要靠人脈及雙腳獲取情報

愛爵祿百金，不知敵之情者，不仁之至也。

【譯文】

吝惜給予間諜獎賞與地位，不願掌握敵人動態，又對士兵及人民欠缺關懷的人，沒有資格擔任指揮官。

〈用間篇〉的「間」是指間諜。在孫子那個時代的戰爭中，間諜暗中活動，在勝敗上擔任很重要的角色。

長年與敵國對峙下來，所花費的金額是相當可觀的。但是決勝負的戰爭，只要一天就

結束了。在這場決戰中輸了的話，之前所有的努力就在這一刻全都化為烏有。

因此，重要的是要利用間諜來收集敵國的情報。對敵方散布消息（政治宣傳）的活動也是必要的吧！因為無論如何，在決戰的這一日，是不允許失敗的。

吝惜給予間諜獎賞，不去收集敵人的情報，是沒有資格擔任指揮官的。因為在這所節省的金錢，在巨額的戰爭費用當中，只不過是一小部分而已。

吝嗇少許的金錢，而損失無法比擬的巨額費用，導致連國家都要滅亡的話，是沒有資格擔任領導者的。

兩千五百年前的戰爭中的間諜利用方法，雖然無法直接適用於現代，但是仔細精讀孫子的話語，會帶給我們一些訓示。

孫子說，「先知」很重要。**比敵人還要先掌握住對方的行動，才會對己方有利**。這是在說，人要實際地積極行動去獲取情報。

雖然是兩千五百年前的時代，也絕非是求神拜佛，或是以祈禱、占卜的方式來獲得情報。他所闡述的是，應該藉由人直接的行動來獲取情報，以便事先知曉。

現今，能夠利用網路來獲得各種情報。但是，知道網路上的情報並不是「先知」，因為對方在同時也能夠取得。

而且，網路上的情報中，也包括了不可以盲目相信的內容。還有，網路上所流傳的，也許只是沒有觸及核心、模稜兩可且初淺的內容。

「那麼，真實的情況是如何呢？」包括不會公開的內幕等事實，如果不是人與人之間的對話，是無法得知的。

因此，平常就要先深耕那些能夠提供比網路更多有用情報的人脈。也就是在緊急必要的時刻，能夠告訴自己真實情報的人。

例如，當客戶申請民事再生[1]的消息在網路上流傳時，對手也會在同一時間看到這則消息。

不過，如果有知道內情的友人的話，也許就可以在前幾天先告知己方：「老實講，雖然還是非正式公開的消息……」在網路上流傳之前，靠一通電話得知的情報，不但讓人得以提前知道且可信度又高。

因此，在平時就要先經營能夠獲得真實情報的情報網及人脈。不依賴網路及媒體，靠自己的雙腳去獲取情報。這就是間諜活動，是不要輸的工作術。

譯注

1、民事再生：類似破產申請，日本的民事再生法以簡化經營不佳的企業之重建法律程序為其特徵。

68 自由自在地收集及散布情報

用間有五：有因間、有內間、有反間、有死間、有生間。

【譯文】

運用間諜的方式有五種：有因間、內間、反間、死間、生間。

在現代企業裡所謂的「間諜」，可以將其理解成「業務員」，或是經營好掌握情報的、消息靈通人士的人脈。

有關間諜的運用方式，孫子舉了五個例子。讓我們將此理解成現代商業人士的「間諜活動」吧！

因間（鄉間）

利用顧客身邊及周圍的人從事間諜活動。

住在附近的人、親屬、經常往來的人、供應商、口碑評價等。

內間

利用顧客內部的人做為間諜。

在客戶那邊刺探內部情報，與祕書、櫃檯人員維持良好關係，還有顧客的家人等。

反間

利用敵人的間諜，把他變成己方的間諜。

接近競爭對手的業務員以刺探情報，或試著勸誘對方離職至己方公司、試著稍微散布一些情報等。

死間

取得「已死」（失去訂單）才能探聽得到的情報。

取得在失去訂單時才能探聽到的內幕情報；即使失去訂單也不放棄，還是要傳達應該傳遞的情報，以準備好捲土重來等。

生間

不是一次就結束，而是兩次、三次重複地從事間諜活動。

接到訂單之後，更進一步地深入刺探各種內幕情報或內部消息，不斷累積情報，做為今後交易的準備等。

也就是說業務員、商業人士的活動，以孫子那個時代的「間諜」來看，情報的獲得方式有這幾種。

在這當中，非常重要卻很容易被忽略的是「死間」。在失去訂單時，認為「算了吧」而放棄顧客情報的人很多。

但是，因為已經見過一次面了，下一次有機會的話，也許顧客就有可能會購買。若是詢問這次不購買的理由，並存在自己的資料庫的話，就有可能把對方變成未來的潛在客戶。

將業務員思考成間諜的情況下，事先有意圖地散布情報、做宣傳，也是必要的。亦即，不是只有收集情報，也要主動發送消息。

在孫子生活的時代，有些人會散布假情報，但是在現代商場上可不能這麼做。只要思考為「事先將正確的情報宣傳給客人知道」、「如此一來可以掌握對方的判斷基準，修正作戰方式」就可以了。

例如，製造商在跑零售店時，不是一味地行銷自家商品，也要散布一些像是「在其他店，將這項商品放在這個位置，如此這般推展的話，會賣得不錯喔」這樣的情報。

為了讓對方做出正確的判斷，要事先釋出相關的判斷資料。藉由散布情報，來掌控對方的想法。誘導出新的作法。善用情報的力量，可使人有所行動。

69 貫徹情報保密意識

三軍之事，莫親於間，賞莫厚於間，事莫密於間。

【譯文】

整個軍隊中，君主與將領的親密度上，沒有比與間諜還要親密的人了，也沒有人會得到比間諜更多的獎賞，在軍事勤務上沒有比間諜更要祕密進行的事了。

間諜終究只能獲取點的情報。要將點與點連成一條線，再將其形成一個面來思考作戰方式的人，是在上位者。因此，有必要請人獲取正確的情報。

如果有一位員工，他能夠獲取有價值的情報、利用情報使人有所行動、做到堪稱為間諜的活動，上司為了跟他做一些情報交換，和他在一起的時間就會很長。同時，上司也能因此做出準確的評估。

在現代的商場上，情報是非常重要的。

在這段文句後，孫子接著寫道：「間事未發而先聞者，間與所告者皆死。」（若是間諜將情報洩露出去，不只是間諜本人，知道這個情報的所有人都必須要處死。）這是保持機密的安全性問題。

因為洩露顧客的情報而失掉信用的公司不在少數。在現代，情報的管理百分之百都是利用電腦。雖然會靠密碼等設定來限制閱覽，但是員工若要看資料，還是算容易的。

當然，對於來自外部的駭客攻擊，要先充分做好因應，不過，事實上大部分的情報洩露，都是在公司內部發生的。

例如，曾經相處不錯的同事離職到別家公司。「好久不見了。對了！你那邊有〇家公司的資料吧！可以告訴我嗎？」在沒有什麼惡意之下就答應要告訴對方，情報就這樣外流出去了。

還有工作能力很優秀的人，有可能不知不覺中在私人朋友們面前自吹自擂。另外，在說一些八卦或抱怨時，也有可能不自覺地將公司的重要情報說溜嘴。這是保密意識的問題。關於公司的事，說到什麼程度是無妨的呢？從哪裡開始是絕對不可以說出去的重要情報呢？

竟然沒有一家公司對此訂出規則並加以指導。即使洩露情報不是出於惡意，但仍是屬於重大過失。

若是在孫子生活的時代，這可是會被斬首的。因為情報會引導出正確的判斷、正確的決策，也是左右勝敗的要項，因此更要確實地貫徹保密意識。

70 徹底調查對方的關鍵人物是誰

凡軍之所欲擊，城之所欲攻，人之所欲殺，必先知其守將、左右、謁者、門者、舍人之姓名，令吾間必索知之。

【譯文】

凡是有想要攻打的敵人，想要攻占的城池，想要刺殺的人員，事前一定要先調查清楚其守衛的指揮將領或護衛官、左右親信、負責傳訊通報的人、守門人員、幕僚等的姓名，並命令己方間諜務必須獲取更加詳細的情報。

孫子說，若是有想要攻打的敵人、城池或人員的話，事前一定要調查清楚其周圍的護衛官，以及左右親信、負責傳訊通報的人、守門人員、幕僚，甚至連他們的姓名都要事先知道。可能有人會認為：「真的要做到這種程度嗎？」不過，如果想要做出成果，就必須這麼周詳、縝密、謹慎地進行不可。

若將這點置換到現代的商場，特別是營業部門的話，可以解釋成要知道對方的關鍵人物是誰。

也就是說，當你以某家公司為目標時，不可以沒有仔細調查就猛然進攻，要事先知道對方真正的關鍵人物。

所謂的關鍵人物，是具有決策權，或是對決策者有強大影響力的人。完全不知道就魯莽地做，是不會有任何成果的。

比較常見的情況是先拜託剛好認識的人，然後再去拜訪。但是，對於法人相關的業務，或是公司對公司的交涉事項，如果是以不靈光的人員、表現不佳的部門為窗口，有可能會失敗。

只安於有認識的人這條管道，拜託他介紹之後，卻發現對方是完全沒有權限的人，事情無法有所進展。不僅如此，跟這位人士見面後，礙於對方公司的內部勢力關係，反而變成很難與真正的關鍵人物見面，這種情形也是有可能發生的。

這就說明了事前調查是多麼重要。仔細地調查、思考，確實弄清楚應該要與誰見面之後，再去行動。

此外，還要看商談的內容是什麼，並非組織編制裡的上位者就一定是關鍵人物。如果不瞭解情況就前去，看輕對方「只是小職員」，說不定他就是那個關鍵人物。

雖然事先將對方調查清楚是鐵則，但如果只看對方網頁上所寫的內容，這樣的情報經常是不足的。因為網頁上通常只會寫一些無關緊要的事。

從其他公司的業務員那邊取得情報，或是先瀏覽一下對方的臉書也可以。對方的情報，其實到處都有。跟櫃檯人員稍微聊一下，也許會得到一些提示也說不定。

要在事前徹底地調查對方的情報。這件事的重要性，不論是在孫子生活的時代或是現代，都沒有改變。

71 讓最有能力的人來收集情報

唯明主賢將，能以上智為間者，必成大功。

【譯文】只有明智的君主與優秀的將帥，能夠使用具有智慧的不凡人物來當間諜，也必定可以獲得偉大的功績。

在孫子生活的時代，先獲得君主的信賴，之後當上宰相的這般人物，原本就是以間諜身分而積極活躍的。

就是要讓如此優秀的人材來當間諜。

孫子強調，藉由間諜活動來掌握敵人的情報，才能讓戰爭如預期般地進行，這就是訣竅；因為其情報正確無誤，才能依此讓全軍行動。

把握住市場，也就是顧客與競爭對手動態的情報能力，才是最重要的。因此，領導者要讓比自己還要優秀的人、團隊中最有能力的人，來收集情報。

要能夠做到這一點，整個團隊才可以依據其情報來行動。

情報能力決定了事業的成敗。例如，與其任意地增加業務部的人數，倒不如先盡力在獲取正確的情報上。

不論是在公司內外，要怎麼做才能收集到許多的正確情報，這才是重點。同時，思考要怎麼運用這些情報，是領導者的任務。

讓最有能力的人當「間諜」吧！讓他來收集情報。

為了要好好利用如此優秀的人，領導者就必須要詳加瞭解所獲得的情報，並擬定正確的作戰計畫。這是分工合作。

這是不要輸的團隊最基本的形態。

第⑬章

為了永遠都不要輸

火攻篇

活用新事業與現有事業

72

以火佐攻者明，以水佐攻者強。

【譯文】
會用火來輔助攻擊的，是有清晰的頭腦與智慧；會用水來輔助攻擊的，是藉由強大的兵力。

孫子在這一章節主要說明的是「火攻」。

火攻也有各種方式，要視時機與場合來改變作法，善用智慧和常規好好地運用。

也就是說，所謂的火攻是絞盡腦汁去作戰，所謂的水攻是累積實力，靠軍隊規模的強大來作戰。

在此，我們試著將「火攻」思考成「開發新客戶或新事業」，而「水攻」是「現有的事業」。

為了要在嚴峻的時代中生存下去，就必須要經常且持續地嘗試新挑戰。要努力增加新客戶，還要建構新的商業模式。

此時所需要的是智慧。收集正確的情報，確實地做好事前的調查，在小區域做測試性的驗證，檢視有無缺失；做好萬全的準備之後，在認為可行的時候毅然決然地下決心去做。

雖然新事業不是在辦公桌上討論就可以順利進行的，不過在現場試驗之前，還是必須先做好充分的準備。這便是要運用智慧。

另一方面，也必須重視現有的事業。透過已經成功且在營運的事業，可以像水庫蓄水般匯集大量的數據資料。

累積在水庫的水量越多，就越能夠產生規模經濟，單件的成本就會下降。

藉由持續正確地運用現有的事業，就能夠隨著時間逐漸累積實力。

這兩者要同時進行。不論哪一方面都不可以草率馬虎。

若能同時靈活運用火攻與水攻，就會非常有效果。

例如，對於現有的顧客再加以調查，也許就能夠發現新的需求。如果能夠以現有的顧客名單為對象，提出新企畫的話，其利益是不可估算的。

同時活用火攻與水攻。這是不要輸的工作術。

明確區分並思考眼前的手段和最終目的

73

非利不動，非得不用，非危不戰。

【譯文】

不要發起不會帶來利益的軍事行動。沒有勝算的話，就不要用兵。非到危急存亡的關頭，不要開戰。

戰爭和軍事行動，畢竟只是手段，並非目的。孫子訓戒人們，不要發動對國家沒有利益的無謂之戰。

他說，即使戰勝了敵人，擴張了領土，若沒有達到原本的目的，便是不吉的徵兆，是「白費力氣」、「浪費時間」。孫子更進一步指出，對眼前的勝利憂喜參半，正是迷失了目標，代表了此次行動屬於愚昧之舉。

在此處，我們試著思考成「不要分不清楚手段和目的」。在事業上，常常會有本來是當作手段而去進行的事，卻在不知不覺中把進行這件事本身變成目的的情況。

以業務的工作為例，開拓新業務的流程大致可分為以下幾個：

- 約定會面的時間
- 拜訪新客戶
- 接受訂單
- 結果營業額提升

獲得新客戶的目的，是為了提升營業額。

但是，如果是想「首先多排一些會面的約定吧」，而只集中在安排與人會面這件事情上，就會增加許多與獲取訂單無關的「沒有意義的約定」。

若是決定「要增加新客戶的拜訪件數」，而全力集中在這上面的話，只會有拜訪件數增加，但獲得的潛在客戶卻很少；拚了命地跑外務，訂單卻沒有增加。

原本是為了增加訂單來提升營業額而做的，拜訪後的下一個階段，應該是更進一步地提出企畫書給對方，或是去說服對方的關鍵人物。

不過，一旦以「會面約定件數」或「拜訪件數」為指標的話，就會優先做這些事，而重要的商談進度就會延遲。

這就是「白費力氣」、「浪費時間」的狀態。不論是「約定會面時間」或「拜訪」，都是為了提升營業額的手段，但是其行為本身卻被目的化了。

手段畢竟只是手段。若忘記最終的目的，只注意眼前的手段，什麼事都無法完成。

我們是為了什麼而戰？是為了什麼而工作？絕對不可以忘記最終目的。與其徒勞地做毫無相關的事，不去做還比較好。

克制一時的感情用事

74

怒可以復喜，慍可以復悅，亡國不可以復存，死者不可以復生。

【譯文】

個人的憤怒情感不久後會平息，可以再湧現歡喜的情感，一時的激憤也可以恢復平靜，變成愉快的情緒，但是滅亡的國家無法重建，死掉的人也無法復活。

孫子說，君主不可以憑一時的憤怒而興兵作戰，將帥不可以任憑激憤的情緒而冒然進行戰鬥。

孫子在開頭的〈始計篇〉中指出「兵者，國之大事」，以戰爭會左右國家的存亡之論述為開端，而在〈火攻篇〉的最後，闡述君主不要輕率地興起戰爭，將帥要戒除草率的軍事行動，這才是安定國家、保全兵力之道，並以此做為總結。

他在開場白先告訴我們，這是很重要的事，所以要仔細地思考、研究，並且在總共十三篇的章節中，做出各種教喻。最後，在充分瞭解戰爭的重要性與嚴重性之後，以不要輕易發動戰爭來做總結。

「不戰而勝。只打能夠獲勝的戰。」這種冷靜的判斷，可以說是《孫子兵法》真正的價值吧！

然而，在情緒激動下而決定開戰，是完全無濟於事的。要依據客觀的情報及合理的判斷來行動的教喻，貫穿了這十三篇文章。在西元前五百年就能夠如此斷言，不愧有「最古老且最傑出」之稱。

情感會隨著時間改變。甚至有一種說法是，「變化無常」是「心」這個字的語源。

所有工作都會有「人」的介入。也許是顧客，是競爭對手、合作伙伴。都是人。因為一時的感情用事，有可能就會破壞了人與人的關係。

這麼一來，工作當然就不會順利。有可能會因為情緒化而導致失敗。

當然，將情感帶入的這件事情本身，並非都是不好的。有時也需要有「一定要獲勝喔！來吧！開戰吧！」這樣的氣勢，「怎麼可以輸給這傢伙呢！」這種憤慨也有可能成為能量的來源。

但是，**絕對不可以單憑感情來判斷並行動**。要經常讓自己在某處冷靜下來。

這樣是有利的嗎？有獲勝的機會嗎？瞭解清楚之後，有時抑制住情感去決定要戰或不戰，是必要的。

只要不認為自己輸了，就沒有輸

75

明主慎之，良將警之，此安國全軍之道也。

【譯文】

明智的君主要謹慎，不可輕率地發動戰爭，優秀的將帥要戒除草率的行動。這是安定國家、保全軍隊的方法。

孫子說，要經常謹慎注意，事前的準備不可怠惰，不要輕率地開戰。因為輸了的話，一切就結束了。

但是，只要自己不認為輸了，就沒有輸。

最後，我試著將孫子的教喻對照「臥薪嘗膽」來解釋。

「臥薪嘗膽」這個詞並非出自《孫子兵法》，而是在這本書完成後不久，發生在吳越戰爭中的故事所產生的成語。

孫子所輔佐的吳王闔閭，出兵攻打越國卻戰敗，最後因傷重而亡。闔閭之子夫差，誓言為父報仇，以睡在柴草上之痛，來讓自己不要忘記其屈辱。此為「臥薪」。

之後，夫差終於攻打越國，大敗越王勾踐的軍隊。而這次是戰敗的勾踐以嘗苦膽來讓自己不要忘記屈辱，最後打敗吳王夫差。此為「嘗膽」。

吳越戰爭在此處也留下教喻給我們。

「臥薪嘗膽」的精神是不認輸，「總有一天一定要報仇雪恨」的這種氣概。

例如，沒有獲得某位客戶的訂單、被看不起、被以強硬的口氣對待時，若認為自己很可悲的話，就絕對不要忘記這種悔恨，下定決心總有一天要一雪前恥。將這股悔恨當作一個契機，增加其他客戶，一直賣、一直賣，一直不停地賣。

「如果少了這樣的客戶就無法達成目標，這樣的自己也太可悲了。」能這麼想，就如同睡在柴草上那般地責備自己。

對任性的對方必須唯唯諾諾、強顏歡笑，就好比嘗苦膽那般地苛責自家公司與自己的無能。

然後去提升自己的能力，增強商品的競爭力，強化服務體制，整備好戰力。只要想著：「總有一天要讓對方輸得心服口服。」就還沒有輸。為了不要忘記這股悔恨，讓自己隨時有著要列出「使其認輸的名單」這樣的情緒。

如此一來，在幾年之後，自家公司有所成長，自己也累積了實力。評價提高之後，有相關的報紙報導，也上了電視。

這時就會讓曾經拒絕我們的對方認為：「啊！這是以前我拒絕過的那家公司。他們已經有這樣的發展了呀！如果當時有委託這家公司就好了……」

要讓對方說：「唉呀！之前沒有拜託你們，真是不好意思！可以讓我們再重新提案嗎？」「最近經常在電視或雜誌上看到你們，做得好像不錯喔！」

即使你內心想著：「做到了！復仇成功！」也要冷靜地說：「謝謝！但是我最近比較忙，抽不出時間，似乎不能夠過去拜訪。」「如果是下個月的後半就有時間，○日的○點左右可以嗎？」爽快地約定好會面的時間。

真正的復仇現在才要開始。因為你還沒有從對方那邊賺到錢。要確實讓這名客戶購買商品，賺到足夠的錢，才算是復仇成功。這時，才是終於讓對方「輸得心服口服」。

我們打的是商業戰爭。雖然不會被奪取性命，但也是豁出性命（人生、經歷）。不是交友社團，也不是扮家家酒遊戲。

不要被情緒及情感所左右，要冷靜且客觀地判斷，去謀取利益（國家利益、利潤、成果）。

倒閉的公司不會再回復，若是踏錯一步，人生開始落魄潦倒的話，要再重新站起來，是非常困難的。

因此，不要輸的工作術是必要的。**只要你自己不認為「輸了」且不放棄的話，就會有「總有一天可以逆轉雪恥」的可能**。這就還沒有輸。

即使無法獲勝，只要沒有輸就好。

把人生、工作以長期來思考。不要自認為「輸了」，要讓自己有「臥薪嘗膽」的精神。

如果能夠做到的話，你就絕對不會輸。

結語

你認為《孫子兵法》如何呢？希望這部誕生於兩千五百年前的兵法，能有其中的一項或二項能讓你當作參考。最後一項的「臥薪嘗膽」精神，是否讓你覺得自己能夠做到絕對不會輸的生活方式及工作呢？

我至今都不會忘記第一次知道「臥薪嘗膽」這個成語時的衝擊。為了不要忘記輸掉的屈辱而睡在柴草上！光是用想像的，背就痛了起來。為了不要忘記屈服於敵人之下的悔恨而去嘗苦膽！口中就有種說不出的、令人不舒服的感覺擴展開來。

在古代的中國有這麼厲害的人物，讓當時還是小學生的我，感到驚訝又佩服，也覺得恐怖，是很複雜的心情。

之後，我成了國中生、高中生，每當有懊悔或氣憤的事時，就會將「臥薪嘗膽」寫在筆記本的角落。想著「走著瞧吧」。雖然我並沒有特別做了什麼，但是「臥薪嘗膽」卻成了讓我能忍受痛苦狀態而拚命努力的咒語。「只要不放棄就沒有輸」、「只要不死就有復仇雪恥的機會」、「從失敗中學習並在下次加以活用，如果成功的話，那麼失敗不過是達到成功的一個過程罷了」。「臥薪嘗膽」給了我許多的啟發。

不久之後，對於「臥薪嘗膽」感到驚訝的少年變成了大人，成為一位經營顧問。但我是一個沒有什麼經驗的年輕顧問，而對方是比自己雙親年紀還要大的企業經營者，因此曾被嗆說：「小伙子懂什麼。」「講一些好像很厲害的話，但是你有經營公司的經驗嗎？」這時，我總是想著：「可惡！走著瞧吧！我要臥薪嘗膽累積實力。」為了要有對抗年長經營者的武器，我開始學習《孫子兵法》，之後我發現發生「臥薪嘗膽」故事的吳越戰爭，是在孫子生活的時代，馬上對孫子湧現出親切感。「臥薪嘗膽」故事發生時，孫武已經沒有輔佐吳王了，也許正因此吳國才敗給越國也說不定，不過有名的「吳越同舟」是出自《孫子兵法》的故事成語，這讓我很開心，原來孫子的教喻出乎意料地就在身邊。我就這樣與孫子相遇，讓《孫子兵法》成了我工作的武器。

我想要讓不擅於讀古文的人，都知道並喜歡這部《孫子兵法》，才會以將《孫子兵法》應用在事業上的「孫子兵法家」為名，一邊運用在本業的經營諮詢上，一邊寫一些解說《孫子兵法》的書，並且進行有關《孫子兵法》的演講。

最初，我所寫的《孫子兵法》相關書籍是二〇〇四年出版的《這樣一定能贏！必勝的經營術55招》（これなら勝てる！必勝の営業術55のポイント，中央經濟社），是一本將《孫子兵法》應用在強化經營力和活用資訊科技上的劃時代著作，不過賣得不太好。也許是內容太生硬了。

因此我想，必須要寫得更簡單易懂不可，便將《孫子兵法》如何靈活應用在企業經營上的內容，匯整成六十九個要點，在二〇一〇年出版了《孫子兵法經營戰略》（孫子の兵法経営戦略，明日香出版社）。因為加了一些插圖，變得很容易閱讀及理解，賣得還算可以。

但是，我覺得自己尚未讓大家充分瞭解到《孫子兵法》的魅力及價值，因此我在二〇一四年出版《打掃歐巴桑教你用孫子兵法贏商戰》（まんがで身につく孫子の兵法，ASA出版），挑戰讓《孫子兵法》漫畫化，讓大家對於將《孫子兵法》應用在事業上時，能有具體的畫面湧現出來。我想，因為是以漫畫將故事呈現出來，很容易閱讀，也很容易理解。這本書賣得還不錯，我覺得對於增加《孫子兵法》的粉絲人數上，多少做了一些貢獻。

只是，其中有一些人是因為漫畫而不願意購買。好像也有人說，因為書的封面是可愛女孩的圖畫，不好意思購買。雖然女性讀者增加了，但因為還有其他各式各樣的族群，要做《孫子兵法》的啟蒙並不容易。不過，這也促使我想要讓更多人知道《孫子兵法》。

由此所產生的就是這本書。雖然不是漫畫，但是內容更容易閱讀，也更容易理解。我花了一些心思要讓年輕讀者也能夠順利將《孫子兵法》應用在工作上。若是能聽到你說「確實很容易懂」的話，我會很高興。如果你讀了本書之後，還是覺得很難理解的話，那麼請務必閱讀利用漫畫的力量寫成的《打掃歐巴桑教你用孫子兵法贏商戰》（笑）。

為了不要讓人以為我一直在推銷自己的書，我也介紹一下網路上的內容。這是免費的。我的網站上有登載《孫子兵法》的解說，也有《孫子兵法》的部落格。閱讀本書之後，對《孫子兵法》有興趣的人，希望你也可以在網站上繼續對《孫子兵法》做深入的研究。請試著搜尋「孫子兵法家」。

當然，我並非只針對希望容易理解的讀者、希望容易閱讀的讀者，也想要成為讓你去接觸並更加親近原著的契機。

除了本書所列舉的內容之外，原本的《孫子兵法》還有什麼內容呢？為了讓對此感興趣的人有所參考，我列出我的參考文獻。

《孫子》淺野裕一著／講談社學術文庫

《新訂　孫子》金谷治譯注／岩波文庫

《戰略體系①　孫子》杉之尾宜生著／芙蓉書房出版

雖然有關《孫子兵法》的書很多，不過在拙著之外，再閱讀這三本的話，應該就足夠了。在〈前言〉中，我提到了「軍事家」與「兵法家」，雖然我自認了不起地說「我是兵法家」，但是無法直接讀原文的我，之所以能夠自稱是「孫子兵法家」，都是多虧了這些老師們所寫的《孫子兵法》解說書。在學習《孫子兵法》古籍時，請務必參考。

希望大家注意到的是，在讀了《孫子兵法》之後，知道「哦哦，原來孫子在兩千五百年前就說了這些話」，只得到一些知識就算了，沒有活用在現實工作及人生上的「讀《孫子兵法》而不懂《孫子兵法》」的人，並非少數。

《孫子兵法》是一部兵法書，是為了實戰而寫的書，我認為只當作知識或教養來學習就結束的話，是沒有意義的。在真實的戰場上實踐之後，《孫子兵法》的價值才會被發揮出來。我自己也希望不要被人認為是「自稱『孫子兵法家』卻被消滅得無影無蹤」，因此想和大家一起每天都將《孫子兵法》應用在實戰上，贏得勝利。

最後，這本書若是沒有 KADOKAWA 的渡邊理香小姐的企畫和提案，就不會以這種形式呈現。「不要輸」這個觀點，也是因為有渡邊小姐才能夠放進書裡。非常感謝她。

此外，《孫子兵法》的實踐，也因為承蒙企業客戶所有人的照顧才得以成真。在此要藉這個機會對各位長久以來的關照表達由衷的感謝。

非常感謝你讀完這本書。

長尾一洋

不敗的智慧：孫子兵法讓你當個好人也不會輸！
仕事で大切なことは孫子の兵法がぜんぶ教えてくれる

作　　者——長尾一洋
譯　　者——黃瑋瑋
封面設計——萬勝安
內文排版——劉好音
特約編輯——洪禎璐
責任編輯——劉文駿
行銷業務——王綬晨、邱紹溢、劉文雅
行銷企劃——黃羿潔
副總編輯——張海靜
總 編 輯——王思迅
發 行 人——蘇拾平
出　　版——如果出版
發　　行——大雁出版基地
地　　址—— 231030 新北市新店區北新路三段 207-3 號 5 樓
電　　話——（02）8913-1005
傳　　真——（02）8913-1056
讀者傳真服務—（02）8913-1056
讀者服務 E-mail— andbooks@andbooks.com.tw
劃撥帳號 19983379
戶　　名 大雁文化事業股份有限公司
出版日期 2021 年 11 月 再版
定　　價 360 元
ISBN 978-626-7045-02-2

國家圖書館出版品預行編目資料

不敗的智慧：孫子兵法讓你當個好人也不會輸！／長尾一洋著；黃瑋瑋譯 . – 再版 . – 臺北市：如果出版：大雁出版基地發行 , 2021. 11
面；公分
譯自：仕事で大切なことは孫子の兵法がぜんぶ教えてくれる
ISBN 978-626-7045-02-2（平裝）

1. 孫子兵法 2. 研究考訂 3. 職場成功法 4. 企業管理

494.35　　110016299

如果